绿色蝶变

——湖南生态文明建设典型案例（2022—2023）

主　　编　周发源

湘潭大学出版社
XIANGTAN UNIVERSITY PRESS

编撰委员会

目　录

序 ………………………………………………………………… 1

守护一江碧水

沙河之殇的美丽嬗变
——常德西洞庭管理区综合整治成效显著 ………………… 7

巴陵胜景谱新篇
——岳阳市守护一江碧水聚焦绿色发展撷影 …………… 17

为生态“留白”　为发展“添绿”
——长沙市天心区推进污水处理减污降碳的有益探索
………………………………………………………… 28

一泓清水润田园
——长沙市岳麓区洋湖水污染治理的探索与创新 ……… 38

为了守护一江碧水
——湖南省航务工程有限公司创新港口航道船闸建造模式 ······ 52

绿色低碳发展

以美丽彰显魅力　以魅力打造实力
——湖南信息学院坚持生态立校实现跨越式发展纪实 ··· 69
一张蓝图绘到底的示范创建之路
——桑植县创建国家生态文明建设示范县纪实 ·········· 80
科技创新引领河湖治理新模式
——湖南百舸水利公司重大科技专项成果赋能水系修复纪实 ······ 94
从生态美到百姓富的乡村旅游发展之路
——怀化市鹤城区黄岩旅游度假区绿色发展纪实 ······ 105
飞入寻常百姓家
——株洲市宣传生态文明的实践与启示 ·················· 117

绿色园区建设

“五好”园区的绿色循环发展之路
——宁乡高新区谱写生态文明与工业发展深度融合新篇章 ······ 131
让绿色成为高质量发展最亮底色
——娄底经济技术开发区多措并举打造绿色生态园区 ······ 143

好景在“望”
——望城经济技术开发区坚持生态立园实现高质量发展 …… 153

从乱到治的产业园区绿色发展之路
——湘西高新技术产业开发区强化生态环境治理引领绿色低碳发展 …… 166

绿色制造引领“小”园区实现大发展
——长沙雨花经济技术开发区打造绿色工业园区纪实 …… 180

智慧能源为“双碳”注入新动能
——威胜能源“零碳未来”的探索与启示 …… 194

美丽乡村建设

山清水秀乡村美　生旅融合产业兴
——新宁县“层进式”打造“两山”实践县域新样本 …… 209

五措并举走出一条乡村环境治理新路子
——长沙市望城区静慎村乡贤文化助力美丽乡村建设纪实 …… 223

从深度贫困向“富美转型”的蝶变
——新邵县小河村的产业生态化和生态产业化 …… 236

美了茶乡　富了百姓
——长沙县金井镇建设特色小镇的探索 …… 247

挥洒“三全”笔墨　绘就富美画卷

——浏阳市中和镇打造美丽经济的生动实践 ………………… 258

生态环境治理

“三线一单”助推建设高品质生态环境

——构建高标准生态环境分区管控体系的湖南实践 … 271

落后产能退出的生动样本

——隆回县小沙江镇石材加工区生态综合治理成效显著 ……………………………………………… 286

打好污染防治攻坚战的怀化实践

——怀化市聚焦核心问题 推动强力治污成效显著 …… 297

老矿区　新面貌

——常德市鼎城区石煤矿区污染治理与生态修复纪实 ……………………………………………………… 307

铲“黑”除污　向“绿”而行

——湘潭市港口码头环境污染问题整改纪实 ………… 319

后　记 ……………………………………………………… 329

序

新时代生态文明建设的成就举世瞩目，成为新时代党和国家事业取得历史性成就、发生历史性变革的显著标志，绿色和生态成为新时代发展的鲜明特征。

湖南省深入学习贯彻习近平生态文明思想，协同推进生态环境保护和绿色低碳发展，守护好三湘大地的青山绿水、蓝天净土，自然生态环境全面改善，人居环境品质持续提升，“绿水青山”与“金山银山”间的双向转换通道已打通并不断拓展，有力解决了一批重点难点和历史遗留问题，老百姓实实在在享受到了“生态红利”，为实现“三高四新”美好蓝图，建设美丽中国贡献了湖南力量、展现了湖南新作为。

作为湖南生态文明领域的高端智库机构——湖南省生态文明研究与促进会联合湖南省社科联、省委党校、长沙理工大学、中南林业科技大学等单位专家学者，历时一年多，通过反复筛选、实地调研，组织编写了一批湖南省生态文明典型案例，汇编为《绿色蝶变——湖南生态文明建设典型案例（2022

—2023)》一书。该书收集的26个案例，生动讲述了湖湘大地生态文明建设的生动实践，从一个侧面反映了湖南生态文明建设取得的成效。

在表现形式上，全书采用新闻通讯纪实的方式，把案例的内涵、过程、因果、成效、经验等呈现出来，既客观讲述了故事本身，又挖掘了其背后的故事，文风活泼通俗，感情真挚自然，插图丰富精美。譬如，常德西洞庭管理区综合整治、岳麓区洋湖水污染治理，讲述了守护一江碧水的故事；湖南信息学院的生态校园建设、湖南百舸水利公司科技创新引领河湖治理，探索了绿色低碳发展的创新路径；长沙雨花经济技术开发区的绿色制造、威胜电气探索“零碳未来”，尝试了经济与生态协同驱动的发展之路；长沙县金井镇特色小镇建设、新邵县小河村打造“宜居宜游”的小河品牌，描绘了村美民富产业兴的乡村振兴画卷；构建“三线一单”生态环境分区管控体系、常德市鼎城区石煤矿区污染治理，体现了生态环境治理的责任担当……这些案例，是近年来湖南省生态文明建设的一个缩影。

自然生态是人类生存和发展的根基，其变化直接影响文明兴衰演替。我们也清醒地认识到，生态文明建设仍面临着繁重任务和巨大压力，只有日积月累练就生态文明建设的“潜功”，才能展现出中国美、湖南美的“显功”。

治理生态环境，换来天蓝水碧环境美。绿色赋能，谱写高质量发展新篇章。生态优先，绘就时代新气象。“只此青绿”映底蕴，“美丽湖南”入画来，湖南正向世人展现出一幅绿色低碳发展新画卷。

2023 年 11 月 27 日于长沙

（作者系湖南省生态文明研究与促进会会长，湖南省碳达峰碳中和专家咨询委员会副主任，湖南省第十二届人大常委会委员，湖南省社会科学界联合会原党组书记，研究员）

守护一江碧水

沙河之殇的美丽嬗变

——常德西洞庭管理区综合整治成效显著

治理好水污染、保护好水环境，就需要全面统筹左右岸、上下游、陆上水上、地表地下、河流海洋、水生态水资源、污染防治与生态保护，达到系统治理的最佳效果。

——习近平 2018 年 5 月 18 日在全国生态环境保护大会上的讲话

洞庭湖是我国第二大淡水湖，跨湖南、湖北两省，素有“鱼米之乡”和“天下粮仓”的美誉，担负着长江流域生态安全、水安全和国家粮食安全的重大责任。

洞庭湖有东洞庭湖、南洞庭湖和西洞庭湖之分。西洞庭湖泛指赤山以西湖泊群，澧水流经东北，沅水横贯其中。自西汉以来，西洞庭湖一直属常德管辖。

西洞庭管理区位于西洞庭湖中部，成立于2002年，其前身为国营西洞庭农场，为常德市所辖县级行政管理区，总面积110平方千米，下辖1镇和2个街道办事处，总人口6.8万。

治理后的西洞庭

沙河位于常德市西洞庭管理区城区附近，因河床多沙而得名，北起冲柳高水河口，南抵城区常德路，全长5.1千米。

过去的沙河，经历过安宁祥和、风轻云淡，承载了西洞庭农场儿女拼搏的记忆；也经历过满目疮痍、污水横流，忍受着沙河之殇、沙河之痛。

现在的沙河，水清岸绿、四野清香，绿色的家园印证了从黑臭水体到河畅水清的嬗变。静静的河水讲述着人与自然和谐共生的生动故事。

承载记忆的精神家园

西洞庭管理区位于西洞庭湖中部的民主阳城垸西隅。20世纪50年代以前，每到暴雨季节，沅江和澧水的洪水都在这里泛滥，于是逐渐形成了湖泊、内河。有的内河联通沅江和澧水，甚至可以通航。沙河就曾是马林（马家吉至林家滩）航道的一部分。

1954年10月18日，湖南省人民政府颁布《关于修复洞庭湖堤垸工程的决定》。随后，70万湖区人民按照“重点整修、医治创伤，清除隐患，险堤加固，有计划地并围堵口，合修大圈”的方针，开始系统治理洞庭湖，在东线澧水和西线沅水两边分别修筑防汛大堤。

1955年，湖南省委批准以民主阳城垸西隅的祝丰垸为中心，围垦荒洲湖泊，建立西洞庭农场，总面积105平方千米。从此，来自四面八方的新中国热血青年潮水般地涌向这片神奇的热土。

国营西洞庭农场旧址

当年的拓荒者从各地乘船来到西洞庭，无论从沅水经泥港口到沙河南码头上岸，还是从澧水经林家滩沿冲柳高水至沙河北部下船，落脚的第一站便是沙河。由于沙河占据水路交通便利、毗邻城区的优势，且东岸地势较高，机关、医院、幼儿园、商店和发电站、农机修理厂等都在沙河附近，于是，第一代农垦人便对沙河有了一份独特的依恋情结。

随后，他们被分配到各地开始垦荒造田。春寒料峭，他们烧芦苇、垒田埂、播稻种；夏日炎炎，他们修沟渠、砍湖草、插湖秧；大收季节来临，他们天当帐、地当床，十天半月日夜奋战在打谷场上。喝的是湖水，吃的是麦麸饭，住的是茅草屋，睡的是硬板床。“插田插到八月，拌禾（湖南方言，意思是收稻谷）拌到腊月”，是当时农业生产的真实写照。1955 年，西洞庭农场当年共开春荒 26 129 亩（1 亩＝667 平方米，全书同)，伏荒 11 516 亩，全年春夏播种总面积 42 422 亩，收获主粮总产 1 129.8 万斤（1 斤＝500 克，全书同)，其中上交国家粮食 648 万斤。

西洞庭农场的建立，是新中国成立后党和政府领导劳动人民系统治理河湖的历史产物。它把较为先进的物质技术装备和社会管理引入当地生产领域，避免经济发展经历漫长而徐缓的自然历史进程，唤醒了这片神奇的土地。

沙河，也因其见证了西洞庭农场建立的辉煌岁月，而成了西洞庭农垦文化符号和西洞庭儿女的精神家园。

触目惊心的沙河之殇

随着西洞庭湖的不断建设和发展，看似云淡风轻的沙河，历经一段坎坷岁月。

20 世纪 70 年代前，沙河两岸只有农田、房屋和发电厂、农机修理厂等几家污染不大的工业企业，基本上只有蓄水、灌溉功能。“风怡鱼自跃，云久雁相呼”，美轮美奂的水乡风光，成为农垦人难忘的记忆。

周边的居民回忆，那时候的沙河水质好、环境美。棒槌落地都生根，近水鱼虾用斗量。沙河盛产乌龟、甲鱼、黄鳝、泥鳅、清水虾、鲫鱼、刁子鱼、鳑鲏鱼和柳条鱼等水产品。在河里洗小孩儿尿片的时候，一伸手就可抓住几条柳条鱼。

20 世纪 80 年代后，一些居民开始围河养鱼，河道因此被挤占，部分河段甚至被封闭堵死。1978 年 10 月 9 日，西洞庭

第一条橘罐生产线正式投产。1984 年春，罐头厂迁至沙河东岸。此后，乡镇企业蓬勃发展，沙河东岸又陆续建起一些小型工业企业。这些企业产生的工业污水全部直排进入沙河。与此同时，西岸的小规模养殖户也扩建成了大规模的专业化养猪场。1993 年后，经二渠、纬五渠被填埋并建成街道，祝丰机埠被拆除。

从此，沙河的防洪灌溉功能彻底丧失，居民的生活垃圾也经年累月地倾倒在河道边，河道简直成了垃圾填埋场。就这样，河道被侵占、工业生活污水直排，底泥淤积，沙河的水环境生态系统被逐渐破坏，水质变得越来越差，水体开始变黑、发臭。

从水清花香到臭气熏天，失去色彩的精神家园也丧失了庇护能力。沙河污浊的眼泪在无声地控诉着人们的恣意妄为。目睹满目疮痍的沙河，西洞庭管理区和当地群众多年来就期盼着治理好沙河、恢复水生态。

沙河治理前的景象

幸福沙河的美丽嬗变

命途多舛的沙河，无疑是时代的宠儿。

2015 年，沉寂多年的沙河泛起了波澜：沙河黑臭水体治理项目纳入了环洞庭湖生态水系治理“十三五”规划。项目建设采用 PPP 模式，2016 年 3 月立项，由上海市政设计院设计、广东省水电二局中标，2018 年 2 月开工建设。

沙河水系综合治理项目原计划总投资约 6.2 亿元，2018 年因国家防范重大风险化解政府债务，其投资调减为 3.09 亿元。投资规模调减后，管理区管委一方面多方筹措资金 4 000 万元，以弥补资金缺口；另一方面多次与有关方面进行沟通，反复论证调整优化建设方案。

项目建设秉持滨湖水乡、碧水蓝天的生态理念，体现农垦文化，突显诗画洞庭，实现河傍园区、水近楼阁，极目近天、白鹭翱翔，低头亲水、鱼水悠然，梦回云泽、心旷神怡的目标。

为保障沙河水系综合治理项目建设顺利进行，管理区共投入 9 281.62 万元进行沙河两边的征地拆迁，拆除居民住户 88 户，拆迁面积 22 000 平方米。对沙河两边 70 个生产、生活排污口进行了整治；对 3 家猪场补偿拆迁款 413.93 万元，拆除猪场猪舍 25 栋、建筑面积 23 506 平方米。

2020 年 5 月，沙河水系综合治理工程顺利竣工。共完成治理面积为 126.5 公顷，其中水面面积 96.5 公顷；河道疏浚清淤 215 万立方米，沿河两岸绿化带长 4.6 千米，绿化面积 26 万平方米。通过河道清淤、水体拉通，提高了沙河水系水资源承载能力，达到防洪保安的目的；通过水环境治理，达到了修复水生态、改善水环境的目标。终于，沙河水质由原来的劣Ⅴ类提升至Ⅲ类，河水恢复了往日清澈。

沙河治理后的景象（一）

沙河治理后的景象（二）

沙河的嬗变，是西洞庭管理区打好污染防治攻坚战的一个缩影。2020 年 11 月，常德市西洞庭管理区被湖南省生态环境厅授予第二批湖南省生态文明建设示范县（区）称号，在湖南省第六届生态文明论坛永定年会上授牌。

沙河综合治理取得的成果吸引了更多市民搬来新河周边居住，带动了沿岸的经济发展，为管理区带来了良好的经济和社会效益。曾经的黑臭水体蝶变为资源丰富、生态宜居的幸福河：水清、河畅、岸绿、景美的宜居生态环境，让人民群众的获得感、幸福感不断提升。

与此同时，西洞庭管理区充分挖掘当地农垦文化、渔耕文化、知青和抗战文化、工业文化，打造一批生态游玩、采摘体验、生态垂钓、小吃品尝、花海观赏等乡村旅游景点，旅客纷至沓来，领略乡村美景、体验田园生活，感受地方民俗、品味特色美食。2023 年 1 季度，接待游客超 2 万人次，全区旅游行业营收达 1.1 亿元，帮助近 3 000 名村民“家门口”就业。

如今，沙河南岸悄然崛起一座现代化新城，东岸变成百亿工业园区。绿色已成为西洞庭生态经济发展的“最美底色”；生态已成为管理区的“第一品牌”；沙河蝶变成为洞庭明珠，全域河湖渠水系水畅、水流、水清、水安，美好愿景已逐步变为现实。

未来属于沙河的答卷，仍在继续书写。

专家点评

生态系统的治理工作，从来都是“牵一发而动全身”。常德市西洞庭管理区以整体、系统的方法进行治理，从截流污水、疏通河道到搬迁拆除、绿化种植，管理区各项措施综合考量、科学谋划、多箭齐发。经过长时间对治理措施的坚守，西洞庭管理区综合解决好了水与景、景与人的关系，让沙河实现了从“臭水沟”到“幸福河”的华丽蝶变。沙河的治理也启示后人：只有守住生态“底色”，才能绘就发展“绿色”。

巴陵胜景谱新篇

——岳阳市守护一江碧水聚焦绿色发展撷影

推动长江经济带发展，前提是坚持生态优先，把修复长江生态环境摆在压倒性位置，逐步解决长江生态环境透支问题。这就要从生态系统整体性和长江流域系统性着眼，统筹山水林田湖草等生态要素，实施好生态修复和环境保护工程。

——习近平 2018 年 4 月 26 日在深入推动长江经济带发展座谈会上的讲话

2018 年 4 月 25 日，习近平总书记来到湖南岳阳，考察了位于长江沿岸的岳阳市君山华龙码头，勉励大家继续做好长江保护和修复工作，守护好一江碧水。

凉风习习，绿草茵茵，江豚跃舞……走进君山区华龙码头，一片绿色映入眼帘，慕名而来的游客，正在观测点的小木屋里流连，远方湿地里自由觅食小鸟，四处奔突的麋鹿，从远程监控显示屏上跃入眼前，临近的江面上，不时有江豚跃出水面，似乎在欢迎远方的客人。作为长江湿地生态修复的典范，这里也成了大家“守护好一江碧水”“共抓大保护，不搞大开发”现场教育的红色基地。

粗采滥挖酿苦果

华龙码头位于长江与洞庭湖交汇处，航运通畅、水流缓和，是理想的航运港口。原本江清岸绿，生机盎然。但 2002 年，为了给沿线高速公路、跨江大桥建设供应沙石，此处陆续建起多条沙石生产线。一时间，采沙船川流不息，江湾机器轰鸣，尘土飞扬，通宵作业。路桥工程建成后，受采沙利益驱使，沙石继续开采。三个大的沙石堆场，一度粗暴占据江滩和江面，高高耸立的沙石传送带。轰隆的作业声破坏了原本的宁静与祥和。

持续无序粗采滥挖沙石，不仅破坏了江河沙石资源，威胁航道安全，也污染了江湖水质，破坏了长江岸线生态环境。“以前，这里江清水绿，风景怡人。开采沙石后，江水混浊，垃圾遍地，噪声扰人，我们都不愿意来了。”附近居民老冯感触良多。滥采滥挖也破坏了渔业资源，江豚不见了，鱼少了，影响了岸边渔民的生活。华龙码头的乱象引发了当地居民的反感和投诉，清理、整顿当地环境势在必行。

春风又绿江湖岸

2016年，习近平总书记主持召开长江经济带发展座谈会，定下“共抓大保护、不搞大开发”的总基调，长江沿线生态环境大整治行动拉开序幕。根据总书记“长江生态环境保护修复，一个是治污，一个是治岸，一个是治渔”的重要指示，岳阳先后出台了《中共岳阳市委关于推动长江经济带生态优先绿色发展的决议》和《岳阳市长江经济带生态优先绿色发展行动方案》等文件，制定了《岳阳市城市规划区山体水体保护条例》和《岳阳市东洞庭湖国家级自然保护区条例》等4部生态环保类地方性法规，建立“洞庭清波”专项整治工作联席会议制度。重点实施沿江化工企业整治、长江岸线码头整治、黑臭水体治理、沿江环湖生态修复、沿江环湖地区“空心房”整治、重点领域整治、河长巡河等“七大行动”。

铁腕整治河湖岸线。长江湖南段全在岳阳境内，共计163千米长江岸线。以沙石码头整治为抓手，岳阳掀起了声势浩大的岸线综合整治行动，全市共拆除关停沙石码头83个、沿江小散码头泊位42个，拆除矮围201处1 600多千米，关停渡口13道，干线8个港口和58个锚地已实现岸电全覆盖。完成岸线绿化 2.8 万亩，码头岸线复绿率达 100%。其中，作为“守护好一江碧水”首倡地的君山区铁腕取缔非法沙石码头（堆场）39 处；全面清理欧美黑杨 8 744 亩，扎实推进长江岸线复绿造林，完成长江复绿 19 万平方米，种植防浪、护堤林 2 100 亩，精心打造了绿意葱茏的最美长江马拉松赛道。脏乱喧嚣的华龙码头变成生机盎然的江豚湾。

整治后的华龙码头　李亚妮摄

持续开展污染防治。纵深推进“利剑”行动，全面加强源头和污染面源防治。根据《岳阳市长江入河排污口“一口一策”整治方案》和“有口必查、有水必测、有源必溯、有污必治”要求，对所有排污口建立名录，完成了分类、命名与编码及标志牌设立等工作，制定整治工作方案和任务表。采取“一月一考核”，按照“一口一策”方案扎实推进整治工作。大力推进东风湖水环境治理，定期检查污水处理厂的废水处理设施、在线监测运行情况，推动第二污水处理厂尾水达标排放。

关停迁移沿江化工企业，全市共停产 234 家造纸企业，完成 35 家造纸企业制浆产能退出，关闭淘汰 47 家苎麻纺织企业。

开展以生猪退养为重点的养殖环境整治专项行动，在长江、湘江沿岸 500 米，洞庭湖、通江湖泊 1 000 米以内重点区域退养畜禽养殖场 315 万平方米。2 200 平方千米了河湖水域实现全面禁捕，4 415 本捕捞许可证全部收回，回收处置 13 538 艘渔船。

加强工业园和重点排污企业环保设施运维与升级换代。中石化巴陵石化公司己内酰胺产业链搬迁与转型升级发展项目顺利推进。持续推动生物质绿色能源替代，对企业环境违法采取“零容忍”，起到了查处一家警示一片的作用。加强大气特护期、枯水期的污染防治工作，把好产业园项目环评审批关和工程建设关。持续开展美丽乡村建设“八大行动”，强力推进“空心房”整治、农村改厕、村庄清洁行动和“城乡绿化”三年行动。

转产就业稳妥治渔。“十年禁渔”后，岳阳市将符合参保条件的退捕渔民全部纳入养老保险，有就业意愿和就业能力的退捕渔民实现转产就业。世世代代“靠水吃水”的渔民逐渐化身为护水人、护鱼人、护鸟人。他们参加志愿巡湖，义务清理退捕遗留的渔网、监督非法排污、监测麋鹿、保护江豚、观测候鸟……成为保护河湖生态环境的重要力量，解决了“治渔”难题，实现了人与自然和谐共生。

综合施策下，全市水生态环境质量持续改善，2021 年Ⅰ～Ⅲ类水质比例达 82.0%，Ⅳ类水质比例为 16.0%，Ⅴ类水质比例为 2.0%，无劣Ⅴ类水质。昔日的华龙码头摇身一变成了名副其实的“江豚湾”，重新焕发出沙鸥翔集、锦鳞游泳的勃勃生机。“候鸟变成了‘留鸟’，江豚多的时候一天可以看到20多头，来这里参观打卡的外地游客也越来越多了！”东洞庭湖林阁老监测点监测员邓铁牛每天都要沿着华龙码头巡查是否有白色垃圾，眼神举止间满是骄傲。2021年至2022年，洞庭湖越冬水鸟达40.4万只，冬季候鸟数量刷新历史纪录，被称为“鸟中大熊猫”的中华秋沙鸭也频繁现身；江豚稳定栖息种群达210头，其中常驻华龙码头的有40头，留住了“江豚的微笑”。

洞庭明珠焕新颜

“遥望洞庭山水翠，白银盘里一青螺”，刘禹锡的传世名篇让世人记住了君山岛这颗洞庭明珠，也让君山区备受瞩目。作为“守护好一江碧水”的首倡地和岳阳重要的旅游区，君山区的发展既是岳阳守护一江碧水聚焦绿色发展的缩影，也是岳阳实施“三高四新”战略，建设名副其实的省域副中心城市的生动写照。

按照岳阳市委、市政府要求，君山区充分挖掘好、利用好华龙码头生态文明资源，历时4个月不懈努力和日夜奋战，精心打造融生态文明思想展示基地、党员红色教育基地、青少年科普研学基地等于一体的“守护好一江碧水”展陈馆。以生态为底色，以农文旅体融合为抓手，以产业为引擎，致力打造精致精美、出新出彩的洞庭明珠。

农文旅体春潮涌。君山区依托独特的生态资源禀赋，坚持“农文旅体”大融合发展战略，以建好“守护好一江碧水”展陈馆为引擎，以连接长江、洞庭湖的长江岸线建设为依托，与5A级景区君山岛相呼应，搭建“江湖”旅游圈。积极发展休闲游、体验游，推动高端民宿旅游项目落户落地，打造集吃、住、行、游、购、娱全要素产品为一体的夜间文旅消费模式，形成了有味新洲村、观鸟采桑湖、登高天井山等特色文旅项目，培育网红打卡地、夜间经济、特色民宿等新兴业态，激发消费活力，助力文旅市场持续升温。

“守护好一江碧水”展陈馆

深挖旅游、产业、文化等资源优势，在岳阳率先打造城市品牌，构筑起了全区数字化城市品牌体系，城市超级IP“笑笑豚”、城市品牌&全域旅游公共品牌“江湖君山”、农业区域公共品牌“君品君山”、文创品牌“君山恋物”、新式茶饮品牌“一江碧水”……随着一个个独具魅力的君山区城市品牌对外发布，“坐拥长江洞庭，爱在碧水君山”“君品君山，爱不释口”“无独有偶 君山恋物”“与君共·一江碧水”“因君而自在”等君山旅游宣传口号相继推出，标志着君山区文化旅游从此拥有了统一身份标识。

做大做强节庆经济。通过举办美食节、油菜花节、荷花节、芦苇节、草莓节等一系列精品节会，不断完善君山区“吃住行游购娱”的产业要素聚集，延长流量吸引力和吸引时长，持续擦亮“春季踏青、夏季赏荷、秋季看苇、冬季观鸟”的文旅名片，闹热文旅经济。

节会“热”持续点燃“美丽经济”、结出“美丽硕果”。2023 年 3 月 9 日，湖南省第四届油菜花节（君山分会场）暨君山区第十届油菜花节在君山区良心堡镇启幕，4 年来，每届节

生态体育公园

会能带动创收1亿元以上，良心堡镇也被评为“湖南省十大最美油菜花乡村旅游点”。2022年，君山区共接待国内游客122万人次，实现旅游收入12亿元，成为多产业发展的“增效器”。

绿色发展谱新篇。君山区紧紧围绕全市九大优势产业链，先后投入近30亿元，建成5平方千米的君山工业集中区，拥有标准化厂房80万平方米，做优做强以国泰食品、劲阳电子等为主的食品加工和电子信息产业集群，打造绿色低碳产业示范园区。

在2023年第一批产业项目集中签约暨开工仪式上，万雨合业二期、洞庭里渔业文旅综合体、屋顶分布式光伏、生物全降解、碳汇开发等32个项目落户君山，总投资达93.23亿元。

国家数字渔业创新中心湘北分中心在君山成立，集数字

君山产业开发区

化、高效化、绿色化于一体，成为湖南首个国家数字渔业创新中心。今年 3 月 28 日，君山区湿地碳汇开发项目通过国际核证减排计划（VCS）官方技术审核，正式挂牌公示。君山区洞庭湖和长江沿岸累计增加 38149 吨碳汇，是世界首个达到国际核证减排计划标准、挂牌公示的淡水湿地修复项目。

生态体育公园、低碳科普馆、洞庭湖欢乐世界、马拉松赛道等重大项目建成运营；“广兴洲大白菜”“六门闸风干鱼”“君山芦笋”“君山小龙虾”成功获评国家地理标志证明商标；成功举办“跃马江湖”岳阳马拉松赛、中国（君山）户外健身休闲大会、洞庭湖国际观鸟节、中国（岳阳）野生荷花节、岳阳小龙虾节等节会，君山吸引力、影响力进一步扩大。

六门闸生态渔村

良好的生态环境促进了高质量发展。君山区先后获评全国农产品质量安全区、全国平安农机示范区、全国绿化模范先进县市区、全国平安渔业示范区、全国县域农业数字化建设先进示范县（市）区、信访工作全国“三无”县市区、“中国最具特色生态旅游示范县（区）”、全省食品安全工作先进县（市、区）等称号，连续十四年保持湖南省平安县市区这一殊荣。一个更美、更好的“精致君山”正快步向我们走来！

专家点评

资源禀赋是经济发展的重要先天因素。从“靠水吃水”到“倚水护水”，岳阳见证了资源利用的急功近利到可持续发展的转型，放大了生态优先绿色发展的乘数效应。君山区聚焦绿色生态，发展绿色产业，让洞庭明珠熠熠生辉。由此可见，做好“水”文章，做强“绿”经济，让生态可触可及，让文明深植于心，绿色发展就具备了坚实的底蕴和强劲的动能。

为生态“留白”　为发展“添绿”

——长沙市天心区推进污水处理减污降碳的有益探索

统筹水资源、水环境、水生态治理，推动重要江河湖库生态保护治理，基本消除城市黑臭水体。

——习近平 2022 年 10 月 16 日在党的二十大会上的报告

“初，五代马氏于潭州东二十里，因诸山之泉，筑堤潴水，号曰龟塘，溉田万顷。”它，从五代十国的历史中走来，在数千年的时光之中，哺育着湖湘大地的代代生民。

从长沙市雨花区跳马镇鸭巢冲水库发源，一路向北，流过雨花经济技术开发区、洞井、时代阳光大道，再到红星、香樟路，奔腾 28.3 千米后汇入浏阳河，滋养了无数长沙人。

它，就是圭塘河。

作为城市生命体的核心，它自 2009 年开始，便担负着天心区生活污水处理和利用的重任，在留下不堪重负污染的同时，也承载着守护一江碧水的希望。

作为城市的重要水肺，它位于城市水循环的末端，吸纳净化污水，每天输送至圭塘河作为河道景观用水，成为构建生态宜居幸福之城的重要环节。

它，是新开铺污水处理厂。

新开铺污水处理厂

当生活、生产与生态相冲突，当污水处理与群众生活幸福感息息相关，当污水处理厂超标排放成为新污染源，城镇污水处理排放标准的提高成为必然之势，污水处理厂提标改造迫在眉睫。

三友环保创新城镇污水处理方式，以 HPB 技术助力新开铺污水处理厂提标改造，探索治水新模式，解锁山水洲城的“绿色密码”。

政策驱动

“经过 3 年努力，地级及以上城市建成区基本无生活污水直排口，基本消除城中村、老旧城区和城乡接合部生活污水收集处理设施空白区，基本消除黑臭水体，城市生活污水集中收集效能显著提高。”

“我国‘十三五’的城镇污水处理能力将从 2.17 亿米^3/天提升至 2.68 亿米^3/天。”伴随《城镇污水处理提质增效三年行动方案（2019—2021）》《“十三五”全国城镇污水处理及再生利用设施建设规划》等国家政策的发布，污染防治攻坚战已进入“攻坚决战”时期。

“按出水水质达到《城镇污水处理厂污染物排放标准》一级 A 排放标准的提标改造，长沙 3 年内全市完成提标改造乡镇污水处理厂 45 座。”

“通过三年污水处理提质增效实施行动，铺排 3 大类共 134 个项目，全面提升长沙城镇污水处理能力，实现污水管网全覆盖、污水全收集全处理，让水更清、城更美。”

环境就是民生，治污就是治国。自 2018 年开始，长沙便响应国家政策要求，出台《关于加强城乡污水处理工作的实施意见》《长沙市城市污水处理提质增效三年行动实施方案(2019—2021)》等相关政策，长沙污水处理厂提标改造工作正式启动。

需求升级

长沙市新开铺水厂位于长沙市天心区，建于 2009 年，日处理污水能力达 10 万吨，目前已稳定运行十余年，纳污面积 22.95 平方千米，服务人口约 32 万人。

天心区是长沙“南大门”，是长沙“山水洲城”魅力的最佳展示区域，也是长沙百年商贾繁荣的起源地和聚集区，随着天心区人口的增加、经济的发展，以及污水收集率的提高，原有处理规模不仅早已无法满足需要，其排放也无法达到国家所要求的一级 A 类标准、准Ⅳ类或更高标准。在这种背景之下，新开铺污水处理厂出重拳亮利剑，注重“质”与“效”的双重提升，通过与三友环保进行合作，采用全新理念与技术，决战碧水攻坚战。

科技赋能

提标扩容已经迫在眉睫，新开铺污水处理厂需要通过升级来实现“日处理污水能力19万吨，排放标准达到准Ⅳ类水标准”的目标。可看似简单的要求，却面临着用地紧张，需征地94亩，花费7.4亿元进行征拆、4.9亿元进行建设、总投资金额高达12.3亿元的难题，新开铺污水处理厂急需新技术破局。

新开铺水质净化厂二期改扩建原设计征拆图

由于征拆成本过高、拆迁周期过长，原方案不宜继续实施，为此，寻找其他不征地工艺方案，在现有污水厂内部通过挖掘潜力及改造来实现二期扩建的目标成为不二之选。新开铺污水处理厂施工人员经多方查找与比选，并在中试与生产性试验取得成功的基础上，最终确定采用由同济大学与湖南三友环保科技有限公司产学研合作开发的高浓度复合粉末载体生物流化床（High Concentration Powder Carrier Bio-fluidized Bed,

简称 HPB）技术。采用该技术可在原厂范围内改造 AAO 生化池，而无须新建生化池即可实现提质增效的目标，即生化池处理能力由当时的 10.0 万米^3/天提升至 19.0 万米^3/天，同时二沉池出水 COD、NH_3-N 和 TN 可稳定达到湖南省地标一级标准，后端深度处理仅需强化 TP 和 SS 的去除即可使整体水质达到湖南省地标一级标准。而无须征地且不停产改造，即可实现该项目目标，且总投资约 3.52 亿元。工程总投资、运行成本、建设周期等均大幅降低。

创新是引领发展的第一动力。抓创新就是抓发展，谋创新就是谋未来。适应和引领我国经济发展新常态，关键是要依靠科技创新转换发展动力。深度调研污水处理厂在提标改造中所面临的资金缺乏、用地受限、负荷率低等问题，三友环保以创新性 HPB 技术赋能污水处理厂提标改造，守护碧水丹青。

采用 HPB 技术，新开铺污水处理厂提标扩容投资节省了 70％的费用。更重要的是，在运行成本方面，无须投加碳源总氮即可达标，由原有一级 A 类成本达到准Ⅳ类水质。与此同时，专家通过对新开铺污水厂的处理水量及温度、出水水质、产泥量、电耗、药耗等进行分析发现，HPB 技术的使用具有多重优势。

第一，所需外加碳源更少：厌氧氨氧化＋同步硝化反硝化。

第二，双泥法：抗冲击负荷能力更强。

第三，系统冗余更大：生化停留时间最短可做到只需要 3 小时。

第四，深度处理药耗更少：强化生物除磷。

后续步骤无须考虑脱氮：生化段控制 TN 达标。

为进一步优化和论证技术的可行性，4 月 17 日，在新开铺污水处理厂二期改扩建工程运行半年以后，新开铺污水处理厂召开了 HPB 工艺专家论证会，哈尔滨工业大学教授、中国工程院任南琪院士、原北京排水集团总经理杨向平教授、原北京市政设计院总工程师杭世珺教授、湖南大学柯水洲教授、湖南省建筑设计院副总工程师罗惠云教授等出席并进行指导。

在论证会上，各专家表示，HPB 工艺可有效解决城镇污水处理厂在新建、提标、扩容过程中所面临的征地拆迁难、投资和运营成本高、建设周期长等突出问题，新开铺污水处理厂二期改扩建工程应用 HPB 工艺具有示范效应和推广意义。建议该项技术研发团队应不断创新优化，并在城镇污水处理基础上，更进一步拓展其应用范围。

新开铺水质净化厂二期改造前项目实景

优势突出

新开铺污水处理厂提质增效项目通过投加复合粉末载体材料，改变活性污泥系统中的微生物聚集状态，形成微颗粒污泥由表面至内核的溶解氧梯度以及局部微缺氧环境，从而可优化传统活性污泥法的微生物群落结构，强化厌氧氨氧化、同步硝化反硝化、短程反硝化等微生物脱氮作用，实现碳源的有效利用与低碳氮比条件下的高效脱氮，避免碳源投加和相应的温室气体排放，可节省碳源 35%以上，而无须化学除磷可节省 PAC 投加量的 73%及 PAM 药剂投加量的 82%。同时，通过材料回收技术，减少载体材料的补充量，解决传统生物流化床工艺颗粒载体回收困难、流失率高的问题，减少载体材料的资源消耗量。

另经核算，建设期碳排放量减少约 1494.84 吨。按国内（40 元/吨）和国际（30 欧元/吨）碳排放交易价格核算，可产生经济效益分别为 5.98 万元、4.48 万欧元。所产生污泥采用污泥处理处置的“厌氧消化—土地利用”负碳排放技术，可新增甲烷量。经核算，采用 HPB 技术处理每万吨污水所产生污泥（以“总产量 5 吨，80%含水率”计）进行能源转化（厌氧消化产甲烷后发电），可提高经济效益 1.4 万元。新开铺污水处理厂提质增效项目可提高经济效益 26.6 万元/天。

此外，在减少大气污染方面，新开铺污水处理厂提质增效项目将原来 2 年左右的工期缩短至 6 个月，大大缩短了施工周期，减少了施工期间扬尘及大气污染物的排放，如 NO_2、CO、颗粒物等。

项目投入运营，增加了污水处理量，提高了污水厂排放标准，可有效保护水资源；同时城市品位提高，市民居住环境得以改善，优化了投资环境，为当地的经济与社会发展奠定了良好的基础，带来了更好的发展机会，具有良好的社会效益。

为生态“留白”，为发展“添绿”。经提质改造，新开铺污水处理厂的处理规模实现大幅提升，生活与生产的污水得到集中处理，最大限度地降低了水污染。

良好生态环境，是最普惠的民生福祉。伴随污水处理进一步升级，绿色成为主色调，“生产发展、生活富裕、生态良好”“青山绿水、鸟语花香、幽静宜人”的美好画卷成为现实。

根据当前打赢污染防治攻坚战总体需求，国家住建部和各省市发布了污水处理厂提质增效方案，污水处理量和排放标准日益提升，“十三五”期间城镇污水处理完成 4 220 万米^3/天规模的提标改造，其中城市污水处理提标改造达到 3 639 万米^3/天，占总提标规模的 86.2%。新开铺污水处理厂减污降碳协同增效，为全国同类型项目提供了可供借鉴的改造样本。

历经沧桑与洗礼，如今的圭塘河和新开铺污水处理厂已经成为长沙两大人文生态名片，成为鱼翔浅底的一泓清流，成为岸芷汀兰的一道绿湾。但它曾经带来的阵痛，将永远铭记在每个人的心头，催人记住历史，勇敢面对未来。

这，是一场上下同心、负重前行的攻坚战。

这，是一场未有归期、协同而行的保卫战。

在这场没有硝烟的战役中，我们每个人都应该持续攻坚，以更大的决心、更创新的技术，构建水环境领域治理新格局。

专家点评

推动污水处理提质增效，是保护水资源、改善水环境的重要举措，事关百姓生产生活各方面，牵涉打好污染防治攻坚战大局。面对污水收集率、排放标准双提高的现实需求，新开铺污水处理厂采用 HPB 技术，取得了既不停产改造又可提质增效的“小胜利”，达成了减污降碳、协同增效的“大目标”。

一泓清水润田园

——长沙市岳麓区洋湖水污染治理的探索与创新

保障水安全，关键要转变治水思路，按照“节水优先、空间均衡、系统治理、两手发力”的方针治水，统筹做好水灾害防治、水资源节约、水生态保护修复、水环境治理。

——习近平 2015 年 2 月 10 日在中央财经领导小组第九次会议上的讲话

洋湖湿地公园是长沙市民节假日休闲打卡的“网红”景点。只是很少有人知道，湿地公园的景观水面，既非先天既有，也非后天注水，而是来源于污水回用，来源于静静立于公园一角的洋湖再生水厂。

十年来，岳麓区先行探索水污染治理，洋湖国家湿地公园得以净水长流，洋湖生态新城得以生态补水超过 1.8 亿吨。它在处理净化污水的同时，还给洋湖生态新城增添了一处美丽、和谐的园林景观，堪称全国城市生态文明的“湖湘样本”。

2015 年洋湖再生水厂一期人工湿地实景　来源：肖楚汉

洋湖再生水厂应运而生

走进洋湖生态新城，感到赏心悦目、风景宜人，人们不由自主地想了解她的前世今生。

20 年前，洋湖生态新城还叫洋湖垸，是长沙岳麓山以南一个名不见经传的穷乡僻壤。市民对它的印象，基本上停留在“交通不便”“位置偏僻”的层面。

洋湖垸，古称“瓦官口”，靳江流经此地汇入湘江，久之形成一片偌大的湿地。在过去很长一段时间，这里成为湘江泄洪区，是名副其实的不毛之地，有人用“洋湖好大丘，十年九不收”来形容当时的境况。

2008 年洋湖湿垸实景　来源：知乎——崔钟博汶

此后，有居民在这一片湿地上陆续开垦菜地，随着规模不断扩大，到了七八十年代，这里竟发展为长沙最大的蔬菜基地之一，据称当时长沙农贸市场里有一半的韭菜和葱，都来自洋湖垸。随着种菜的居民越来越多，人口越来越密集，生产、生活垃圾也与日俱增，特别是周边居民的生活污水也随意排放，洋湖垸的环境问题逐渐凸显出来。

2007 年 12 月，长株潭城市群获批为全国资源节约型和环境友好型社会综合配套改革试验区（下称“两型社会”）。为先行先试，省会长沙率先成立了大河西先导区，包括岳麓区、高新区以及望城、宁乡腹地在内的 1 200 平方千米土地，成为探索“两型社会”改革路径的前沿阵地。而洋湖片区地处大河西先导区起步区域的中心位置，整个片区拥有相对完整的自然生态体系。

长沙市委、市政府决定开发大河西先导区，首先面临的就是水环境污染及治理问题。洋湖片区排水系统不健全，而上述生活排水、灌溉排水以及雨水排放，均直接排入区域内各水体，导致区域内水体水质污染日益严重。统计显示，当时洋湖片区每天有两三万吨污水随意排放。

为遏制和治理环境污染，保护生态环境，促进区域经济可持续性发展，就必须建设污水处理厂，先把水污染问题给解决好。洋湖再生水厂在这样的背景下应运而生。2008 年 7 月，长沙市政府出资 100 亿元，成立了长沙先导投资控股有限公司(现为长沙城市发展集团有限公司)，公司的前期工作之一，就包括建设洋湖再生水厂——针对城市开发存在的环境问题，以及历史遗留问题，从源头上进行生态治理。为做好洋湖再生水厂的建设与运营管理，2011 年 2 月，湖南先导洋湖再生水有限公司成立，十年生态治污正式拉开序幕。

2021 年洋湖再生水厂实景　来源：杨淇椋

建厂排污　困难重重

洋湖再生水厂纳污范围包括含浦、洋湖（湿地公园及生态城）和大王山北部三个片区，约 45 平方千米，规划服务人口达 50 万人。要“收纳”如此宽广的区域污水，要服务这么多人口，再生水项目从一开始就面临诸多难题，亟须出台一个科学的、富有前瞻性的规划设计方案。其严峻挑战，主要来自三个方面。

尾水无出路。洋湖再生水厂位置特殊，位于洋湖大道以南、靳江河以东，按照一般意义上的顺序，洋湖再生水厂经过处理的尾水得排入靳江河。但靳江河流入湘江口的位置，恰好处于长沙市四水厂、一水厂、三水厂、八水厂、五水厂等水厂取水头部的上游，这段流域属于一级水源保护区，水质的好坏直接关系到长沙市几百万人口的饮水安全。在上游建污水处理厂是否会威胁到下游水厂的取水安全？基于此类担忧，相关政府部门的态度很明确：几个水厂的周围是不允许有排污口的，污水处理厂的尾水，不能直排靳江河或湘江。这是洋湖再生水厂在规划设计层面遇到的第一个难题：要“吸纳”45 平方千米的污水，在经过水厂处理后，没有地方可以“安放”尾水。

2019 年洋湖再生水厂人工湿地三级植物塘实景　来源：姚泉

建设用地少。作为“两型社会”改革先行区，洋湖片区吸引着越来越多的企业和商户前来投资兴业，洋湖生态城可谓寸土寸金，其中洋湖湿地公园就占地 7 000 多亩，相当于 13 个长沙南郊公园；市政府在湿地公园建设这块总投资 55 亿元，分三期打造，用地必须得到保证。在这种情况下，其他建设用地必须高效开发，集约利用。因此，政府部门规划留给洋湖再生水厂的用地明显低于行业平均水平，这给洋湖再生水厂提出了更高要求。比如必须在污水处理工艺上精心选择，以平衡用地偏少带来的“先天不足”。

2022 年洋湖再生水厂全厂效果图　来源：周滔

建设要求高。洋湖片区以洋湖湿地公园为核心，规划有生态湿地公园、总部经济区、生态宜居住宅组团、科技文教组团四大功能区，仅洋湖总部经济区就陆续引入几十家全国总部企业、区域型总部企业、引领性行业协会，可以说，洋湖再生水厂规划设计的好坏，项目建设落地的快慢，将直接影响到整个先导区的窗口形象和营商环境评价。所以，在确定总体方案时，相关领导对此提出了更高的建设要求：一方面，厂区建设必须体现两型社会的理念，尽量采用生态化处理设施；另一方面，厂容厂貌必须符合片区整体环境要求，特别是必须与洋湖国家湿地公园相匹配。

精准施策　攻克难关

高标准的洋湖再生水厂建设，当时在全国都没有类似样本可供参照，一切都靠自己“摸着石头过河”。

理念更新。2009年，当时全国范围内大多数人工湿地与污水处理厂的关系是割裂的，很少有同时建设的，同步管理维护的更少，导致人工湿地后期管理没有连续性，也没有经费维护，污水处理厂也无法保证出水稳定达标。洋湖再生水厂打破常规，提出“出水资源化，水厂公园化”的设计理念，探索出一条“厂区＋人工湿地＋自然湿地”的低影响开发背景下城镇生活污水处理创新之路。污水处理厂的总体方案设计充分考虑了与湿地公园的有机融合，厂区内部采用先进处理技术确保出水水质稳定可控，深度处理部分利用人工湿地对厂区出水进行生态净化，尾水再排入洋湖湿地公园。仅一期厂区外围就建了120亩人工湿地，每天可以生态深度净化4万吨污水；同时将人工湿地纳入水厂日常管理范畴，每天都有专业技术人员带领维护班组成员对人工湿地进行系统性、专业性维护，构建了一个成功的良性循环自我净化生态体系。

顶层设计。洋湖再生水厂工程项目自一开始就注重对功能、技术、经济等传统设计因素与节能、生态环保、健康等可持续设计因素进行综合考虑，突出绿色市政。充分考虑了建筑群体与周围环境及洋湖湿地公园的协调统一，主体建筑采用“地景式”处理方式，实现了建筑与环境的和谐共生，整体视觉效果更佳。突出海绵城市，整个厂区道路及雨水排放系统按照低影响开发的海绵城市标准设计，打造园林式再生水厂，统一考虑绿化，如二期绿化率达 48.36%，其乡土植物占全部植物种类的比例超过 70%。突出智慧水务，建立再生水厂专家数据库，形成完整的污水处理全过程水质在线监测链，实现对污水处理厂水质的可视化管理，让管理者随时可以实时了解到污水处理厂的运行状况，提高管理效率，减少管理成本，打造智慧厂区，通过自控集成设计，打造全方位的智慧水务体系。

技术支撑。洋湖再生水厂根据污水量、污水水质和环境容量，结合现有经济条件和管理水平，选用了安全可靠、技术先进、节能、运行费用低、投资省、占地少、操作管理方便的成熟工艺。比如，一、二、三期分别采用“MSBR（一种自动化程度高的基于活性污泥法的改进型工艺）＋人工湿地”工艺、“新型 MSBR（10 池型）＋反硝化滤池”组合工艺和“MSBR＋高效沉淀＋反硝化深床滤池＋人工湿地”组合工艺，这些工艺在湖南省内首次大规模应用，既可满足再生利用景观用水及再生利用杂用水水质标准，又可满足相应环评要求。项目投入运营后，洋湖再生水厂在满足上述工艺要求下，工程在节能设计上也下了功夫，单位耗电远低于国内类似项目平均指标水平，其主要建筑冬暖夏凉，节能减排效果明显。

管理创新。2009 年，洋湖再生水厂立项开始建设，针对“尾水无出路”这一难题，洋湖再生水厂集思广益，因地制宜，采取了三个“分解”措施：一是将一部分尾水经净化处理后注入洋湖湿地公园做景观用水，保证公园“天天有活水”；二是把生活污水集中处理并达到中水回用标准后，用于洋湖生态新城内的小区绿化浇灌、车辆和道路冲洗、工地施工用水等；三是通过人工湿地来提高污水净化水平，达到当时省内最严格的一级 A 类标准后再给靳江河进行生态补水。这样一来，就彻底解决了尾水的出路问题。

科学普及。洋湖再生水厂注重科学普及工作的开展，先后入选长沙市污水处理科普基地、湖南省环境教育基地、湖南省科普教育基地和第一批全国环保设施和城市污水垃圾处理设施向公众开放名单，长期向中南大学、湖南大学、中南林业科技大学等知名高校和中小学生提供科普教育，利用建成的多媒体科普展示厅、人工湿地和多种污水处理设备以及相关工艺，形成一堂堂生动有趣的自然科普课，迄今累计开展相关宣传 300 余次，受众超过 1 万余人次。

2020 年洋湖再生水厂向南雅中学学生开展科普宣传　来源：杨莎

人水和谐，让城市生活更美好

一个污水处理厂，经过科学设计和生态建设，不仅成功处理了一系列污染问题，还成了一处新的城市景观，给湿地公园起到了长期净化、保障生态的作用，这在很多人看来有些不可思议。

2022 年洋湖再生水厂一期人工湿地实景　来源：杨帆

十年磨一剑，洋湖再生水厂先后承担 6 项省市科研项目，发表论文 20 余篇，授权专利 16 项（发明 1 项），获重点环境保护实用技术示范工程、湖南省资源循环利用典型案例、湖南省环境保护先进技术示范工程等荣誉 10 余项，获认定国家高新技术企业和长沙市企业技术中心，已全面完成标准化管理体系建设，洋湖再生水厂出水水质优于行业平均水平，吨水电耗药耗低于行业平均水平。

多年的生态治污经验已成为一笔宝贵的财富，洋湖再生水厂吸引了国内外许多同行前来“取经”。十年的生态治污经验经总结提炼后向泰国、老挝、柬埔寨等多个国家推广。

事实上，洋湖再生水厂已成为洋湖生态新城的“灵魂和核心”。迄今，洋湖再生水厂已连续低耗高效运行超 10 年，累计向洋湖生态新城提供生态补水约 1.8 亿吨，向洋湖生态新城的用户提供了约 50 万吨优质中水。

2022 年洋湖再生水厂人工湿地实景　来源：宋凤鸣

受益于洋湖再生水厂的用水补给，现在的洋湖湿地，水系联通、生物多样，汇集动植物 1 800 余种，绿化覆盖率超过 90%，负氧离子含量超出中心城区 6 倍。洋湖湿地景区跻身国家 4A 级旅游景区行列，目前正向 5A 级旅游景区前进。洋湖生态新城也入选“国家生态智慧城市试点”单位，发展为集总部经济区、生态湿地区、绿色宜居区三大城市功能于一体的“城市副中心”和国际生态新城，吸引着全国各地的人们前来投资兴业。

“沙鸥翔集，锦鳞游泳；岸芷汀兰，郁郁青青。而或长烟一空，皓月千里……”徜徉在洋湖湿地，眼前碧波荡漾、花木葱茏，恰似976年前范仲淹在《岳阳楼记》里描绘的一派洞庭湖胜景。

这是科技之美和生态之美的完美结合，这是人水和谐、宁静宜居的理想之境。

2021年洋湖再生水厂一期人工湿地生物塘实景　来源：肖楚汉

专家点评

洋湖湿地污水利用在面临多重困难并且无经验可供借鉴的情况下，攻坚克难，坚持理念创新、技术创新，突破了污水处理厂与湿地公园相割裂的瓶颈，实现了两者的有机融合，探索出一条生态与技术完美结合的道路，为全国各地湿地治理提供了成功范例。这也启示我们，在生态治理中，既要充分利用生态系统的自我净化功能，又要充分借助现代科技，更高效、更节能地实现生态保护与治理。

为了守护一江碧水

——湖南省航务工程有限公司创新港口航道船闸建造模式

长江流域要加强合作，充分发挥内河航运作用，发展江海联运，把全流域打造成黄金水道。

——习近平 2013 年 7 月 21 日在湖北考察时的讲话

在洞庭湖与长江交汇处，浩荡之水，横无际涯，一湾天然深水孕育了“长江八大良港”之一的岳阳城陵矶港。鸟瞰城陵矶港，10 余千米长的深水岸线，分布着集装箱、散货、杂件货、汽车滚装等 10 个作业区，壮观、忙碌。集装箱码头泊位上，一座座红色岸桥伸展长臂，锁头一开、一收，吊具一提、一放，一分钟完成一个集装箱的抓取、装卸。

一朵浪花可以折射整个大海。热闹非凡的岳阳城陵矶港是长江经济带繁荣发展的一个缩影，也是我国内河绿色发展的生动体现。

2018 年 3 月，交通运输部印发了《深入推进绿色港口建设行动方案（2018—2022 年）》，积极推动全国绿色港口建设工作。2018 年年底，湖南省交通水利建设集团有限公司以股东身份积极参与湖南省港务集团的组建、管理及运营，湖南省航务公司立志将新模式应用到全省乃至全国内河绿色水运基础设施的建造中。

航务公司紧跟国家发展战略的步伐，准确判断行业建设模式的改变，组织国内多所知名高校和科研院所联合攻关，围绕内河绿色水运建造关键技术与产业化等相关难题开展了系统研究，率先在行业内开展内河绿色水运建造新模式的探索与研究。

“内河绿色水运建造新模式”在城陵矶老港提质改造、来宾至桂平 2 000 吨级航道、近尾洲船闸等工程中得到应用，当地以生态优先、绿色发展为理念，运用生态环保、标准装配、智能制造、精细控制等国内领先技术，打造低能耗低污染、高质量高效益的绿色港口、绿色航道和绿色船闸建造模式。

绿色港口
——城陵矶老港环保提质改造工程

港口是水运的重要组成部分。在过去的四十多年里，由于人口增长、经济发展、对外贸易扩张以及受集装箱化因素的影响，全球港口实现了跨越式发展，世界上几乎所有国家的港口都维持了较高的增长水平，尤其是中国、东南亚国家以及南美洲国家增速明显。然而，港口发展在带来经济增长的同时，也给生态环境带来了严峻考验。

城陵矶港位于长江中游南岸，洞庭湖出口处。逆江而上，至沙市全长 323 千米；顺江而下，到武汉全长 232 千米，南距长沙 171 千米，经洞庭湖与湘、资、沅、澧四水相连。自 1899 年设关开埠以来，一直是湖南最大的水铁联运、水水中转、干支直达的干散货枢纽。

由于建成年限较长，受限于当时的工艺水平，老港工艺落后，堆场布局不合理；加之长年装卸铁矿石、煤炭等散货，露天的港口，装卸过程大量灰尘散向天空。晴天满天灰，雨天遍地泥，灰蒙蒙的天空长期笼罩着当地，困扰着百姓生活。

城陵矶老港鸟瞰

2018 年 4 月 25 日，习近平总书记考察长江经济带湖南岳阳段，叮嘱湖南做好长江保护和生态修复工作，守护好一江碧水。老港环保提质改造应运而生，2019 年 7 月 11 日老港环保提质改造工程正式开启。

改造方案绿色低碳。城陵矶老港环保提质改造项目，总投资 4.1 亿元，建成主体工程长 470 米，宽 110 米，高 46.5 米，面积 5.17 万平方米的“胶囊”形散货料仓，为全国内河老港改造绿色低碳与生产效率双一流的示范性创新工程。退岸增绿，拆除 6 个泊位、仓库，退还 300 米岸线，新增绿地 7 万平方米，绿化率达 35%以上，成为公园景观式港口。拆旧建新，拆除 70 余台套吊装、转运等设备，新置 6 台效率更高装卸设备，实现无缝密闭作业，进出港量提升 60%，装卸费率下降 30%，年降物流成本 1 650 万元。节能降耗，有效利用自然光等方式，年可节约柴油 600 余吨、电 53 万千瓦时，减排二氧化碳 2 152 吨。

建造模式独特新颖。本项目的施工难点在“胶囊式”大棚，具有跨度大、工序多、交叉作业多、精度要求高等特点。整个工程还存在运营与施工同时进行的特点，码头每天营运繁忙，在不影响正常营运的条件下开展施工也增加了改造难度。网架采用“分块吊装结合高空散装法”施工技术，结合空间有限元计算及 BIM 模型模拟的手段为工程顺利开工提供了技术支持。本项目分别荣获中国建筑金属结构协会“中国钢结构金奖”和省国资委授予的“湖南省属国企十大创新工程”荣誉称号，获专利授权 3 项，技术评价 1 项。

项目实施效果优质。2021 年 4 月 25 日，具有“全封闭、无污染、装卸能力强、覆盖范围广”特点的巨型“胶囊”正式投入使用。如今，船舶到港后，卸船机以每小时 800～1 000 吨的速度快速卸货；货物通过皮带机运送到全封闭的“胶囊”仓库，再由堆取料机、装车机装卸到火车上，1.5 小时就可完成一列 55 节车厢（约 3 500 吨）的散料装车，整个过程全封闭，加上棚内持续喷雾，最大限度避免扬尘和水污染。“胶囊”投产后，城陵矶老港装运效率提升近 70%，装卸成本下降 25%。

一座现代化园林景观式港口成为引领全国内河老港改造的典范，也为岳阳增添了一张靓丽的名片。

城陵矶港提质改造工程全封闭胶囊形散货堆场

绿色航道
——来宾至桂平 2000 吨级航道工程

航道涉及范围广，是水运的主要组成部分。绿色航道建设，主要包括加大绿色航道建设新技术、新材料、新工艺和新结构引进和研发力度，积极推动航道治理与生境修复营造相结合，加快推广航道工程绿色建养技术，优先采用对生态影响较小的航道整治技术与施工工艺，推广生态友好型新材料、新结构等。

来宾至桂平 2000 吨级航道工程，起于来宾港兴宾港区宾港作业区，终于桂平两江汇流口，整治里程 193.9 千米，按内河 2 000 吨级双线航道通航标准建设。作为广西打造“西江亿吨黄金水道”的重要组成部分，是广西综合交通运输发展“十三五”规划重大项目，对加快推进西江“一干七支”内河航运网络建设具有重大意义。

航务公司负责下耳石、铜鼓滩、两江汇流口等滩险段施工。疏浚、炸礁工程量总计 87.8 万方。在施工期间，航务公司先后与桂平海事处、贵港海事局、柳州航道养护中心、来桂航道工程建设指挥部、广西壮族自治区港航发展中心以及其他施工单位等多次联合攻关，确保项目保安全抓产值促生产。

针对主要工程量大、工期短、施工作业面小的问题，航务公司科学调配施工船舶，合理进行分区施工；增加钻爆船的作业时间；全体施工人员随时待命，充分利用洪水期可施工水位的间歇时间加紧施工。

针对施工期航段船舶多，需要兼顾通航，安全风险高的问题，航务公司采取了航道半幅通航半幅施工、爆破封航充分利用船闸上下行空当时间的措施，左、右两岸同时开工，水、陆同步，修筑围堰将水下爆破变为陆上爆破，合理调整施工思路，最大化排布施工船机设备。

针对靠近城区，安全、环保要求高的问题，航务公司决定在距离建筑物、构筑物 200 米范围内的礁石采用松动爆破，对填药量和钻孔深度重新进行计算，必要时通过分层施工。多次钻孔，减少单次起爆药量。通过分孔、分段起爆，降低爆破引起的振动及冲击波对附近建筑物的影响。

针对爆破管控严、炸礁进度慢的问题，航务公司建立与民用爆破器材公司的常态化沟通机制，避免因沟通不畅引发的爆破器材供应问题。根据每艘钻机船的特点、钻机能力、施工部位、气象条件等，制订详细的周、日作业计划，严格按照施工方案及制订计划施工，确保爆破器材及时供应。

针对水文条件变化大、影响施工进度的问题，航务公司与大藤峡枢纽、水利、航道等单位建立联络机制，提前了解枢纽入库、出库时间及流量，保证项目有足够的时间进行现场处置。

水上爆破作业

此航道工程作为广西打造“西江亿吨黄金水道”的重要组成部分，对加快推进西江“一干七支”内河航运网络具有重大意义。未来项目建成后能跨越式提升来宾至桂平段航道等级，提高运输能力，船舶经由来宾港可直达粤、港、澳地区，有利于充分发挥红水河、黔江航道的水路运输优势，为区域经济大循环创造条件，加快构建珠江—西江经济带和西部陆海新通道，为交通强国建设提供有力保障，为美丽广西建设交出一份满意的答卷。

绿色船闸
——湘江永州至衡阳三级航道近尾洲二线船闸工程

船闸工程是水运交通的重要控制性节点。随着我国基础设施的快速发展，房建、交通等基础设施建设装备实力显著增强，但在水运和海洋建设装备方面仍远落后于发达国家，其自动化、智能化等核心技术仍受制于人，严重制约了我国水运和海洋基础设施的高效发展。据统计，“十四五”期间全国将有上千亿元的大型船闸工程建设投资，为大型船闸智能建造装备的发展提供了机遇。

湘江永州至衡阳三级航道工程为湘江高等级航道建设规划重要组成部分，属于交通运输部、湖南省“十三五”水运重点基础设施建设项目，估算总投资约 46 亿元，规划分一、二、三期实施，建设潇湘、浯溪、近尾洲、湘祁 4 座二线船闸。

其中，航务公司承建近尾洲二线船闸关键控制性工程，于 2021 年 5 月 31 日正式开工。按照 1 000 吨级标准扩建二线船闸，并同步建设相应的配套设施，设计单向通过能力为 1 200 万吨，结构设计兼顾 2 000 吨级货船。

坚持“五化”理念。近尾洲二线船闸项目开工伊始就提出“五化”施工理念，坚持做到工地建设标准化、施工工艺标准化、管理标准化、施工安全标准化和监控手段信息化，攻克了大体积混凝土施工质量控制难，深基坑支护、开挖、降排水施工安全风险高，宜水河口疏浚炸礁施工与通航矛盾突出等诸多难题，实现了进度、质量、安全、环保齐头并进，在标准化管理、绿色建造等方面取得明显成效，树立了项目建设品牌形象。

创建标准文化。航务公司在近尾洲项目建立标准化管理体系，积极推行标准化施工、规范化管理，实现了“集约化建设、工厂化生产、专业化施工、精细化管理”的基本模式，创建了“使标准成为习惯、习惯符合标准、结果达到标准”的标

工程项目临时建筑布置

准文化。

在推行标准化建设中，首先按标准规划临建设施。进场前绘制了项目部办公区、农民工生活区、试验室、拌和站、钢筋加工厂、模板加工场等区域平面图，实行统一规划、统一标准、统一布局。

全封闭的标准化钢筋加工场配置了单梁桥式起重机，墩粗车丝一体机等机械化设备，实现了工厂化、机械化、集中化生产，不仅提高了生产效率，而且保证了质量、精度。

标准化钢筋加工场

保证工程质量。混凝土拌和站采用封闭式生产，设置 5 个料仓，各种规格的集料分类存放，降低了扬尘污染，并有效控制了砂石料的含水率，保证了工程质量。拌和系统安装自动信息化数据采集与监控系统，严格控制混凝土生产配比与拌和流程。

标准化混凝土拌和站

优化施工现场。施工道路连接施工现场与对外交通，围绕施工现场环形布置，采用混凝土进行硬化，降低了现场路面扬尘，同时满足了雨雪天气施工的需要。

工程项目绿化鸟瞰

航务公司对开挖边坡与土方堆放场地进行三维生态快速植生垫护坡，顺应边坡走向进行绿化，形成了约 20 000 平方米的绿色景观。

运用信息手段。航务公司在上下闸首、闸室墙、上下游引航道等施工现场安装了 7 个高速智能球形摄像机，监控摄像机直接连接公司施工监控系统，航务公司相关人员可对重点工程部位的施工安全和工程质量进行全过程、全天候实时监控。试验室、拌和站信息化系统全程采集记录数据，自动上传，出现偏差时系统将自动报警，由项目人员及时进行纠正，把现代化管理手段提高到了新的水平。

三维生态快速植生垫护坡

以“守护好一江碧水”为使命

2022 年 5 月，中国航海学会内河航运高质量发展专业委员会与国家水运安全工程技术研究中心以“新一代航运系统”为主题联合举办了专题研讨会。

在会上，中国航海学会理事长认为，建设“新一代航运系统”既要有生态可靠的航道、低碳高效的船舶、绿色智慧的港口，还要有适应新发展阶段要求的管理体制、机制、人才、制度、政策等方面的重要保障。

作为“新一代航运系统”的典范，“内河绿色水运建造新模式”助推了水运产业升级，促进了行业的健康发展，使得水运施工技术能力得到提升。新模式在工程实践中的应用和创新，既能满足生态环境的要求，又能获得良好经济效益，是可持续、可复制的水运建设新模式，也是未来内河水运建设发展的趋势。

航务公司负责人表示，未来时期，我们将以“守护好一江碧水”为己任，继续推进水运建设的生态化、智能化、集约化、专业化发展，改变过去效率低下、设备陈旧、生态环境破坏严重的现象，形成资源配置优化、产业联动活跃、生态环境优美的内河水运经济发展新格局。

专家点评

从绿色港口到绿色航道、绿色船闸，湖南省航务工程有限公司始终全方位履行社会责任，坚持绿色发展理念，深入探索环境治理、绿色建造等行业前沿技术，将环保理念贯穿整个施工过程，真正落实了习近平总书记“守护好一江碧水”的殷切嘱托。低碳绿色的水运在推动经济社会发展、服务和改善民生以及促进生态文明建设方面发挥着重要作用，湖南航务公司勇于创新，利用先进技术攻关，探索内河绿色水运建造新模式，为内河水运发展提供了成功经验。

绿色低碳发展

以美丽彰显魅力　以魅力打造实力

——湖南信息学院坚持生态立校实现跨越式发展纪实

要倡导尊重自然、爱护自然的绿色价值观念，让天蓝地绿水清深入人心，形成深刻的人文情怀。

——习近平2019年4月28日在北京世界园艺博览会开幕式上的讲话

金秋十月，秋高气爽。长沙城北，国道 107 东侧，塘湾湖畔，湖南信息学院沐浴在和煦的阳光之下。

走进校园，只见山环水抱，藏风聚气，茂林修竹，堆青叠翠，鸟鸣枝头，鱼戏水波，步移景异，美不胜收。每一个来访者无不为它的生态景致所深深吸引，发自内心地感叹："这就是传说中大学里的公园，公园里的大学！"

湖南信息学院塘湾湖远眺

湖南信息学院是一所应用型本科高校。1997 年创办，2004 年升格为高职专科院校，2014 年经教育部批准升格为本科院校。2021 年，经湖南省教育厅等部门批准为硕士学位授予立项建设单位。现有在校师生员工 2 万余人。

湖南信息学院坚持生态立校，把"山清水秀生态美"作为发展的最大财富，潜心打造生态校园，以"美丽"彰显"魅力"，以"魅力"打造"实力"，把生态优势转化为"塘湾湖畔好读书"的生动图景，转化为全校师生的幸福指数和满意度，以生态文明引领高质量发展，实现人与自然和谐共生。

生态立校，从保护一草一木中开始

湖南信息学院坐落于国务院原总理朱镕基的家乡——长沙经济技术开发区毛塘工业园。在2004年学校由长沙马坡岭迁移至此之前，这里山岭起伏，池塘密布，阡陌纵横，路无百米直，地无三尺平，是典型的江南丘陵地貌。

这里适合建校吗？不少人提出了疑问。学校董事长陈登斌却独具慧眼，他眼中看到的不是眼前的荒凉杂芜，而是未来一所水绿山青、魅力无限的现代化大学城。

生态化校园建设之旅就此启程。陈登斌带领建设团队踏遍这片土地的每一个角落，以超然的视角、独到的目光，打量这片充满无限可能的“处女地”。“大学者，大德、大志、大爱、大师、大楼、大树、大园之谓也。”这一办学理念成为此后校园历次扩容提质的圭臬和学校创新发展的行动指南。

在规划建设过程中，建设团队特别强调尊重原始地形地貌，保护原有山林和水体，高品位规划，高标准建设，全力打造“生态之园”。

建设团队从尊重自然、保护自然的视角，因地制宜，匠心独运，变不利为有利，化腐朽为神奇。极限挖掘每一座岭、每一片林、每一湾水、每一块坪的潜在价值，依山就势，临湖而筑，倚坡而建，将人文建设融入环境建设，软环境建设融入硬环境建设，打造最美生态校园，构建最美育人环境，彰显生态育人特色。

湖南信息学院八斗湖亲水平台

早在2009年，学校就出台《关于开展“弘扬生态文明、共建绿色校园”行动计划》，明确提出打造“生态之园”，坚持“以人为本、优化结构、建设精品”，共建生态文明，创造和谐校园，为师生员工提供优美舒适环境。

湖南信息学院“生态文明”行动计划的提出，比国家正式倡导生态文明、建设美丽校园早了3年。“绿色校园”理念的提出，比国家正式制定颁布“绿色校园评价标准”早了10年！

为了把蓝图变成现实，学校出台了《生态化校园建设方案》《生态化校园管理办法》《生态化校园建设手册》一系列文件。从绿色校园、文化校园、文明和谐校园、资源节约型校园、环境友好型校园、水土保持系统等六个方面，确定了具体的建设和考核指标，全面开展生态校园建设。

学校积极运用新技术，建立节能、节水、环保、再生资源综合利用的长效机制。按照绿色建筑星级标准，有序推进既有建筑绿色化改造和新建项目规划设计建造，把每一栋楼宇都打造成艺术品，把每个角落都打造成亮点，匠心营造“步移景异、宜观宜赏”的校园景致，让人真正感受到崇尚自然、天人合一、人与自然和谐共生的生态文化校园魅力。

徜徉在绿树成荫的校园里，你会发现一道别具特色的“自然景观”：道路两旁的大树上布满数不胜数的“鸟巢”。原来这是仿真鸟巢灯！鸟巢灯通过仿真树藤穿线管直接安装在树上，既节省了架设电线杆的开支，又与学校道路两旁绿树成荫的优美环境相得益彰，与学校倡导的生态环保理念相吻合。目前这些鸟巢灯已安装 1 300 多盏，遍布树丫林梢，举目四顾，仿佛走进了“鸟的天堂”。

环保意识，在师生一言一行中体现

每天清晨，湖南信息学院校园内都会出现这样的情景：学生或三五人一组，或七八人一队，在林荫道路两旁，在不同的公共区域，有的挥动扫帚一丝不苟地清扫落叶尘土，有的用撮箕畚斗把归堆的垃圾装进塑料袋。他们分工协作，忙而有序，要赶在上课之前完成卫生责任区的清扫工作。

据了解，这是学校开展生态环保教育“美园行动”的缩影。已经在学生中一届接着一届坚持多年，成了学校生态文明教育的一个“传统项目”。此外，学校还持续开展“光盘行动”“节水行动”“护绿行动”，以养成教育为抓手，让生态环保理念根植学生心中。

学校重视生态文明教育，引导学生与学校同向同行，以主人翁的姿态参与生态校园建设。每年新生开学第一课就是生态校园建设理念与学校发展战略，各班开展主题班会，把习近平生态文明思想列入重点学习内容，开设“全球变化生态学”“生态文明——撑起美丽中国梦”选修课，深化学生对生态文明建设的认识。

“推窗能见绿、步行能见湖、随处可入座、处处有美景、片片有文化、时时在育人”，既是学校的建设目标，也是现实的校园场景。

漫步校园，你会发现，道路边、绿荫下、草坪侧、湖畔旁，每隔一段距离，都会摆放着一块块形态各异、别具神韵的天然石头，石头上镌刻着格言警句，中英文对照。“不驰于空想，不骛于虚声”“含泪播种的人一定能含笑收获”……1 000 多块“会说话的石头”，无时无刻不在与莘莘学子进行心灵的对话。

学生漫步在清风竹影下

校园内还有一“怪”令人称奇：走遍校园，道路两旁不见垃圾箱。过去，“垃圾箱旁边反而垃圾成堆”是一个普遍存在的现象。针对这个问题，学校组织调研和“会诊”，在借鉴国内外知名大学先进经验后，提出教学区域、道路两旁不设垃圾箱，生活区域、公共活动场所以“看不见、闻不到”为原则集中设置。刚开始有些同学觉得“不便”和“不适”，但通过《生态化校园建设管理暂行办法》等管理制度的约束，以及文明养成教育、劳动教育的持续开展，如今同学们“习惯成自然”。

“喝水用自己的杯子，吃饭用自己的盆子，购物用自己的布袋子。”校园“清洁”已成为“习惯”，“美丽”成为“动力”，保护绿水青山已在全校师生员工中达成共识。

“生态保护十不准”“绿化护理十到位”“用水用电十落实”“环境净化十禁止”“文明举止十做到”“控制白色垃圾三带五不准”，一个个具体的、量化的指标，全校师生耳熟能详，并成为自觉行动。

绿化、净化、亮化、静化、美化、文化的“六化”标准，无垃圾撒地、无污水危害、无泥土裸露、无废气排放、无噪声干扰、无高能消耗、无资源浪费、无安全事故的“八无”规定，让校园变得越来越美丽！

实力湘信，从积累一点一滴中跨越

伴随着办学规模的不断扩大，湖南信息学院建校 25 年来先后立项五期扩容提质工程，仅“十三五”期间完成的第四期工程就投资逾10亿元，新建了室内多功能体育馆、音乐馆、大剧院、媒体艺术中心、创新创业大楼等，并对校园环境进行全面绿化、亮化、美化、文化提质改造，注入更多大学文化内涵和时代气息。

如今的湖南信息学院校园内，已形成五湖、五园、五桥、五广场，绿化面积达到70%以上，湖水面积200多亩，水面面积占校园总面积的10%。

整个校园融山水的自然之美、园林的精巧之美、建筑的宏伟之美、植物的繁茂之美、亭阁的别致之美、广场的开阔之美、小径的幽静之美于一体，步移景异，目不暇接，宜动观，宜静赏，成为全校师生员工平安、温馨、快乐、幸福的家园，成为“引人、留人、育人”的“人才洼地”和“三全育人”的良好载体。

设施先进的音乐馆和大剧院

十年磨一剑，砺得梅花香。湖南信息学院已成为长沙城北引人注目的“文化地标”，被誉为“中国高校最美校园之一”。

一位省领导考察校园后赞扬学校“公园建在大学里，大学建在公园中”。每年9月的开学季，来自全国各地的新学子纷纷拿出手机聚焦校园醉人的美景，拍照片，录视频，发抖音，向同窗好友“炫耀”一番！

湖南信息学院在坚持生态立校、打造美丽校园的同时，坚持“两手抓”：一手抓硬件建设，一手抓软件建设，不断提高办学质量和办学水平。

在办学方向上，学校坚持以习近平新时代中国特色社会主义思想为引领，以“办中国特色、世界先进水平技术大学”为目标，以“信息化、生态化、国际化”为办学标准，聚力上规模、调结构、强内涵、育特色，实现跨越式发展。

在办学层次上，学校从1997年开办时的自考助学和国家学历文凭考试试点培训学校，到2005年发展成为全日制普通高等职业院校，到2014年发展成为应用型本科院校。2021年，被批准为立项建设硕士学位授予单位。一步一个脚印，登上一个又一个新台阶！

在学科建设上，已经发展到设有计算机科学与工程学院、电子科学与工程学院、管理学院、国际商学院、艺术学院、通识教育学院、马克思主义学院、创新创业学院、继续教育学院等9个学院共24个专业。形成以工程应用类专业为主体，现代服务类和文化创意类专业为两翼，工学、管理学、经济学、艺术学、文学等学科专业协调发展的新格局。

作为中南地区首家以“信息”命名的高校、湖南高校首批5G校园建设试点学校，学校发挥信息技术优势，建有中国高

信息广场航拍

校最先进的多屏互动智慧教室和有线无线全覆盖的“顶级信息高速公路”“一心三云”智慧校园平台等，网上一站式服务大厅已接入人事、教务、学工、资产、科研等5个系统，充分彰显了“信息+”的优势和特色。

荣誉属于敢于创新、勇于奋斗者。学校先后荣获教育部人才培养水平评估优秀等级、全国教育系统先进集体、全国先进社会组织、湖南省文明标兵校园、省节水型校园、省党建工作先进高校、省平安高校等700多项荣誉。新华社、中央电视台、《中国教育报》《湖南日报》等众多权威媒体先后报道学校千余次。

近3年来，学生获省级以上学科竞赛奖599项，毕业生初次就业率均达到90%以上，用人单位对毕业生的满意度达到99%以上。始终保持毕业生就业率，就业质量位于湖南省高校第一方阵前位。

追求未有穷期，行者永无止步。根据学校“十四五”事业发展规划，学校将继续坚持以人为本，提质生态校园建设，丰富美丽校园内涵，致力于打造绿水青山的自然生态、和谐友爱的人文生态、风清气正的政治生态，让“大美湘信院”成为全省、全国生态校园建设的标杆！

专家点评

湖南信息学院把当初南泥湾般的荒山野岭，建设成为具有生态人文底蕴的现代化大学城，在于他们坚持以习近平生态文明思想为指导，坚持生态立校，在规划建设中特别强调尊重原始地形地貌，保护原有山林和水体，高品位规划，高标准建设，同时注重生态文明教育，注重培养师生环保意识，全力打造生态校园，以“美丽”彰显“魅力”，以“魅力”打造“实力”，以生态文明引领高质量发展，为校园生态文明建设提供了示范和借鉴。

一张蓝图绘到底的示范创建之路

——桑植县创建国家生态文明建设示范县纪实

要建立绿色低碳循环经济体系，把生态优势转化为发展优势，使绿水青山产生巨大效益。要加快形成绿色发展方式，促进经济发展和环境保护双赢，构建经济与环境协同共进的地球家园。

——2021 年 10 月 12 日习近平在《生物多样性公约》第十五次缔约方大会领导人峰会上发表的讲话

张家界境内绝美风光目不暇接，美丽画卷正向周边舒展，让人赞不绝口的是被称之为“张家界市的后花园”——桑植县，重峦叠嶂，翠峰如簇，澧水似练，好水好山好风光，一水一山一景点；条条绿水出桑植，源源碧水下洞庭。

眺望九天峰峦，美不胜收

迷人的桑植县是掩映在群山深处的一颗璀璨明珠。八大公山国家级自然保护区是首批“国家级自然保护区”，南滩国家草原自然公园是首批国家草原自然公园试点，九天峰峦景区是国家 4A 级旅游景区，幽奇壮丽的九天洞享有“亚洲第一洞”美誉，湖南四大水系之一的澧水从这里起源，桑植获评“中国好水”水源地。桑植生态环境良好，生物种类多样，是全球 200 个重要生态区之一、全国 17 个具有世界意义的生物多样性关键地区、“全国三大国药库之一”。

近年来，桑植县坚持以习近平生态文明思想为指引，秉承“绿水青山就是金山银山”发展理念，加强环境保护和污染治理，严格管控生态空间，不断强化生态安全，着力发展生态经济，提倡生态生活，打造生态文化，在成功创建省级生态文明示范县的基础上，全面推进国家生态文明建设示范县创建，走出了一条具有桑植特色的绿色发展之路，桑植的知名度与美誉度有了很大提升。

一张蓝图绘到底

桑植县持续将国家生态文明建设示范县创建作为“一把手”工程，坚持一张蓝图绘到底。切实加强顶层设计，持续强化组织领导，建立健全创建机制，配套完善政策制度，形成了规划、组织、监管三大工作体系。

强化规划引领，坚持一张绿色蓝图绘到底。从 2010 年“产业扶贫、工业兴县、绿色发展”，到 2016 年“旅游融合、产业扶贫、绿色发展”，再到 2020 年“旅游融合、产业振兴、绿色发展”，全县经济社会发展总体思路结合新时代、新使命、新任务特征不断完善提升，但不变的是保护生态环境、推进绿色发展的决心。2017 年，桑植县委托湖南大学设计研究院有限公司编制《桑植县生态文明建设示范县创建规划（2018－2025年）》，并于 2019 年在桑植县人民代表大会常务委员会上批准通过。

按照全县“一主两副四带四区”的区域发展布局，合理规划国土空间，对土地出让、规划审批、项目建设和产出进行全程管控，最大限度保持自然生态原貌。深刻把握山水林田湖草是生命共同体的系统思想，提高生态环境保护工作的科学性、有效性。以城镇化建设为主抓手，将“生态优先、绿色发展”融入县城“一带两区一网”功能规划中，加强分类指导、坚持分片推进，科学有序地实施空间开发。

强化组织领导，坚持一套工作机制贯始终。2017 年，成立桑植县生态环境保护委员会，统筹推进全县生态文明建设工作，全面构建“大环保”格局。县级领导严格落实“一岗双责”“三管三必须”要求。2021 年，成立了由县委书记任组长、县长为常务副组长的创建国家生态文明建设示范县工作领导小组，并下设一办三组，其中办公室主任由生态环境局局长担任。县委、县政府先后召开创建国家生态文明建设示范县动员会、推进会，并多次召开县委常委会、县政府常务会、生态环保专题工作会，研究部署生态文明建设工作。县人大、政协发挥监督职能，为生态建设和环境保护建言献策，各乡镇、各部门紧紧围绕创建目标各司其职、协同推进，全县上下联动，凝聚各方力量，形成创建工作的强大合力，实现生态建设常态化、规范化、持续化。

强化监管执法，坚持一体推进抓落实。深入实施“蓝天保卫、碧水守护、净土攻坚、大地增绿、城乡洁净”五大环保行动。2017 以来，全县共投入 9.44 亿元用于环境污染治理和生态环境保护与修复，环境保护投入作为预算保障和财政支出重点，支出比重逐年提高。将生态环境保护纳入党委（党组）工作总体布局，严格落实“党政同责、一岗双责”要求，做到工作扎实推进。坚持将环境保护工作向县人民代表大会报告，接受人大代表审查。发挥考核指挥棒作用，强化全县各级党组织作为本地区本部门生态环境保护工作的主体责任，把生态文明建设各项要求细化为政治建设考察、述职述德述廉报告内容、党委（党组）年度工作和年度绩效考核评估的内容和标准，考核分值权重逐年提升。制定出台《桑植县贯彻落实〈湖南省环境保护工作责任规定〉实施细则》《桑植县环境问题（事件）责任追究办法》，从严从实抓好中央和省环保督察组交办的突出问题整改，全面建立工作清单、责任清单、进度清单“三张清单”，形成打击环境违法行为的合力，保持环境安全高压态势。

铁腕治污护环境

桑植县始终注重工作聚合、标本兼治，坚持以铁的决心、铁的手腕、铁的措施实行“三个最严”，统筹碳达峰行动与污染防治，高标准打好蓝天、碧水、净土保卫战，有效改善了县域环境质量，提高了生态系统服务功能。

着力科学治污。制定出台桑植县重污染天气应急预案，将重污染天气应急响应纳入政府突发事件应急管理体系。推进大气污染防治联防联控，华新水泥（桑植）公司实行重污染天气错峰生产和烟气升级治理，砖瓦行业的5家砖厂全部完成脱硫除尘设施改造，桑梓综合利用发电站完成烟气脱硫脱硝改造。加大城镇扬尘污染防治力度，全面推行“3321”工作法，城区48个责任路段52.48万平方米实施“三道冲洗、三道机扫、二次普扫、全天保洁”。有序开展餐饮油烟综合整治、机动车污染防治、垃圾无序焚烧、农村秸秆焚烧等专项整治行动。

着力依法治污。坚持精准靶向发力，扎实抓好突出环境问题整改，建立“一个问题、一套专班、一套方案，整改一个、销号一个、巩固一个”工作机制。把环保督察整改与违法建设集中整治工作结合起来，加快攻克生态环境突出问题，着力整治破坏生态建房、乱占耕地建房等违法建设行为，共拆除违法建设1 372处22.36万平方米。对全县汽修行业产生的危险废物及废液进一步加强规范化管理。严格落实优化营商环境的有关政策，持续改进执法方式，提升执法效能。2021年，立案调查18个，下达责令改正决定书18份，下达处罚决定书16份，处罚金额39.1万元，申请法院强制执行2件，解缴入库41.9万元。办理环境生态损害赔偿2件，追缴损害赔偿金额共计3万元。

桑植县国土资源局地环站到竹叶坪乡检查指导地灾工程治理工作

加强生态保护。严守生态保护红线，划定 1271.56 平方千米，占国土总面积的 36.66%。出台并严格执行《湖南八大公山国家级自然保护区管理条例》，八大公山保护区成为全球 200 个重要生态区、全国 17 个具有世界意义的生物多样性关键地区，陆续发现“桑植腹链蛇”“美脉过路黄”“桑植金腰”等 20 余个新物种。

加强矿山生态环境修复治理，大力推进绿色矿山建设，取缔自然保护区和风景名胜区内矿权 7 处，三年来复垦复绿 150 余亩，修建挡土墙 800 余立方米；对责任主体灭失矿山，通过增减挂钩项目的实施，将县域内废弃工矿用地 55 个地块 440 亩改造成水田、旱地和其他类农用地，有效改善矿山生态环境。

修复生态强屏障

桑梓县聚焦最彻底的生态修护，建设清幽静雅“绿水桑植”，不断加大生态修护力度。

清澈美丽的澧水河

不断拓宽生态修复的广度。全面推进涵养区、源头区等水源地环境修护，不断改善水域环境质量，按照“水清、岸绿、景美”的目标，加大澧水、溇水干支流生态治理力度，确保水功能区水质保持优良品质。关闭取缔采石矿（场、点）22家，完成复垦复绿150余亩，改造废弃工矿用地55个地块440亩。关闭煤矿20家、铁矿6家，退养60家畜禽规模养殖场（户），关停39家河道采沙点，上岸船只818艘，劝退野生动物养殖场46家，退养18.5万平方米网箱。完成涉铊、涉镉等重金属污染源排查整治，排查结果均为“零报告”。实施城区垃圾处理能力提升建设，投入 3 000 余万元全面升级县城区垃圾收集处理设施。

不断延伸生态修护的深度。重点强化农村生活污水和生活垃圾治理，开展澧水、溇水干流入河排污口排查建档工作，编制完成《农村垃圾治理规划》《农村污水治理规划》，每年投入 1 200 万元进行农村环境综合整治，争取农村环境综合整治专项资金 2 000 多万元，农村人居环境持续改善，干净整洁的村容村貌与好山好水好风光相得益彰。3 年来，共完成 9 个乡镇、28 个村（居）的生态文明示范村居创建工作。

持续加强生态屏障保护和建设。扎实开展“绿盾 2021”自然保护地强化监督工作，依法依规严肃查处涉及自然保护地的违法违规活动，完成整改销号 194 个，筑牢全县自然保护地生态安全屏障。完成生物多样性评价，全面反映了桑植生物物种资源的种类、分布及保护状况、生态系统的类型和分布状况。建立“三防三造三护”的林长工作机制，推行“一长三员一副辅警”新举措，全县有护林人 974 名、专项林长 1 人、县级督察长 1 人、监管员 332 人、管护网格 897 个，为桑植森林资源保护提供坚实保障。坚持不懈植树造林、退耕还林还草，三年来累计完成植树造林 8.4 万亩，退耕还林 1 000 亩，荒山造林 2.2 万亩，各公路沿线绿化 1 000 亩。

做强产业富百姓

桑植县委、县政府深刻认识到桑植的优势在于山水，出路也在于山水，通过生态产业体系支撑，加快打通“两山”价值转化路径，积极推进产业生态化、生态产业化，把绿水青山转化成老百姓的金山银山，形成以红色旅游产业为龙头、生态绿色农业为基础、环境友好型工业为补充的现代生态产业体系，为实现“绿色崛起”提供根本保障。

围绕“生态强旅”，打造红色旅游“增长极”。坚持以高质量的生态资源为红色旅游赋能，实现红色旅游与绿色发展相得益彰、双轮驱动。深度研究红色文化，整理活化存量资源，加大文物保护修缮、红色史料挖掘、红色项目建设、基础设施配套，以文化视角对待历史遗存和精神瑰宝，红色旅游蓬勃兴起。被评为“中国国家旅游最佳红色旅游目的地”，贺龙故居、贺龙纪念馆是“全国100个红色经典景区”之一，入选“全国30条红色旅游精品线路”。

贺龙故居——革命岁月的燃烧始发地

主动融入张家界旅游经济圈，科学规划构建“一圈一区两山两水多点”点、线、面相结合的立体化全域旅游目的地。以洪家关红色旅游景区建设为抓手，推进核心景区绿化亮化美化工程，立面增加红色文化和民族文化元素，重点改造和提升住宿餐饮条件，大力发展高端民宿，加强配套服务设施建设，给游客提供红色魅力、自然魅力的双重体验，全面提升游客的幸福感。红军体验园、红色教育培训暨研学基地、柳杨溪旅游休闲度假区、实竹坪乡村旅游精品景区和一批集生态教育、生态科普、生态旅游等功能于一体的生态景区成为游客新的“打卡”热点。

在以红色资源为基础的红色文化建设上，积极拓展以生态资源为基础的民族文化、饮食文化、农耕文化、商贸文化等，推动红色旅游与绿色发展相融共生、共同成长。加大红色资源与园区、城区、景区和休闲、体验、康养有机整合、融合发展，运用科技推广、线路连接、产品捆绑等方式，加快红色文化旅游项目包装、商品开发和品牌宣传，全力打造“讲红色故事、唱桑植民歌、品桑植白茶”的特色旅游品牌。2021 年，全县接待国内外游客总人数达 682.1 万人次，旅游总收入达 53.43 亿元，同比分别增加 155%、103%。

围绕“生态兴农”鼓起绿色农业“钱袋子”。得天独厚的生态环境孕育出了独具特色的绿色产品，桑植县立足自身优势，积极培育绿色健康的农业产品，将对生态资源的认同转化为对生态产品、健康产业的认可，“张家界大鲵”“桑植萝卜”“桑植魔芋”“桑植蜂蜜”“桑植白茶”“桑植茶油”获批国家地理标志证明商标，桑植粽叶、烟叶、白茶、蜂蜜、大鲵、萝卜等绿色生态产品享誉全国。

桑植白茶产业基地

把资源的特殊性、生态的重要性和产业的可持续性结合起来，“桑植白茶”成为桑植的响亮名片，桑植县成为中国白茶产业发展示范县和湖南省 8 个茶叶重点县之一。全县茶叶种植面积 7.95 万亩，其中 2 万亩是原生野茶，产茶叶 2 700 吨，产值达 3.54 亿元，从事茶业人员 7.45 万人，覆盖脱贫户 9 200 户 3.5 万人。拥有“超白”“西莲云雾”“万宝山”“帅湘红”等 20 多个桑植白茶子品牌。

坚持高端化、绿色化、集约化发展，推动产业生态化、生态产业化，在实现生态环境明显改善的同时，还取得了利民惠民的累累硕果。积极打造“三叶两材”（茶叶、烟叶、粽叶和食材、药材）特色农产品基地，推动桑植蜂蜜、桑植萝卜等生态食材及药材规模化、链条化、安全化、绿色化发展。桑植已成为思念等全国知名冷冻食品企业最大粽叶供应商，畅销全国20多个省、市、自治区及港澳台地区，部分产品出口美国、加拿大、日本等国家和地区，产值达2.6亿元，桑植粽叶“康华”商标被认定为中国驰名商标。乡村振兴之路上，桑植迎来了“千顷澄碧”，描绘了一幅“茶山绿、粽叶香、农民富”的新画卷。

围绕“生态促工”激发新型工业“新动能”。始终坚持把绿色产业作为县域支柱产业来打造，建立绿色低碳循环发展经济体系，促进经济社会发展全面绿色转型，把生态优势转化为发展优势。依托桑植独特的自然生态和丰富的农产品资源，打造集加工、生产、旅游为一体的“百里茶廊”，发展壮大棕叶、大鲵、中药材等农副产品精深加工，推进食品加工与农产品种养、文化旅游深度融合，持续增品种、提品质、创品牌，建设重要的生态绿色食品生产加工基地和优质茶叶、休闲食品、特色饮品产业集群。

天蓝、地绿、水清、山秀，绘就一幅幅人与自然共生、入目青翠的桑植生态新画卷，坚持保护优先、合理利用，有针对性地挖掘区域各类生态价值，探索实物产品中的生态价值和附着于实物产品上的生态服务价值转化路径，策划包装一批水、风、光等优质资源项目，有力促进生态价值向经济价值转化，形成绿色产业增长点。

按照创建“五好”园区标准，构建“一轴三区五园”总体布局，建设集研发、生产加工、品牌创建为一体的创新型、特色型、环保型、效益型绿色综合产业园区。加快标准厂房等基础设施建设，提高园区承载力和吸引力，探索园区代建代管、“一园两地”发展新模式，推进工业园调区扩区。加快推进绿色产品标准、认证、标识体系建设，打造一批绿色工厂、绿色园区、绿色产品和绿色供应链管理企业，让桑植绿色产业园成为绿色产业发展新洼地。

经过多年的扎实工作与不懈努力，桑植县把握总要求、抓实总任务，坚持高标准、体现好作风，国家生态文明建设示范县创建工作成效显著，基本建成科学完善的生态制度体系、质量优良的生态环境体系、科学合理的空间开发格局、绿色低碳的生态经济体系、生态宜居的人居环境体系和繁荣昌盛的生态文化体系。

专家点评

“马桑树儿搭灯台，写封书信与姐带，郎去当兵姐在家，我三五两年不得来，……”很多人知道桑植，是因为这里是一片红色热土。不过来到桑植，首先映入眼帘的是满目翠绿，青山连绵，碧水蜿蜒。近年来，张家界市桑植县秉承“绿水青山就是金山银山”理念，把生态优势转化为发展优势，使绿水青山产生巨大效益。以绿衬“红”，用绿养“绿”，牢牢守住“生态”这个源头，迎来活水滚滚而来，桑植走出了一条环境保护和绿色发展相得益彰之路。

科技创新引领河湖治理新模式

——湖南百舸水利公司重大科技专项成果赋能水系修复纪实

坚持面向世界科技前沿、面向经济主战场、面向国家重大需求、面向人民生命健康，加快实现高水平科技自立自强。

——习近平 2022 年 10 月 16 日在党的二十大会上的报告

“衔远山，吞长江，浩浩汤汤，横无际涯”，在范仲淹笔下，洞庭湖的宏伟壮观一览无余。“洞庭秋月”“远浦归帆”“平沙落雁”“渔村夕照”等旖旎多姿的洞庭风光，吸引着无数游客远道而来一睹她的风采。

湖南水系发达，江河湖库众多，其中，流域面积大于50平方千米的河流有2 036条；省内已建水库约1.37万座，约占全国水库总数的1/7，为全国最多，这些江河湖库为全省经济社会发展提供了充足的水资源和水安全保障。

随着工业化和城镇化的快速推进，开发建设活动日益频繁，水土流失不断加剧，大量的泥沙淤积，这些建于20世纪六七十年代的水库自然调蓄功能下降、泄洪能力降低、航道通航条件恶化，生态环境面临挑战。洞庭湖等典型区域的水系连

治理前的大众垸梅树河河道

通程度正在逐年降低，导致水系断流、水体不畅、自净能力大幅减弱、部分水域底泥中重金属与有机物污染物残留富集严重，有的地方镉浓度超过国家土壤环境质量三级标准 20 倍，在某些片区和流域内外开展水系连通工程及其环保疏浚迫在眉睫。

中国工程院院士、长江设计集团董事长钮新强算了一笔账：即使全国库容淤积按每年 0.5％计，年损失库容近 50 亿立方米，“按照目前新建水库投资单价每立方米 40 元计，每年损失近 2 000 亿元，这可不是一笔小数目”。

聚集的淤积物，还会给水库生态环境埋下隐患。结合水利发展现状，落实绿色发展理念，开展江河湖库清淤尤为迫切。

选题：着力解决经济社会发展中的难题

坚持以问题为导向，面向世界科技前沿、面向经济主战场、面向国家重大需求、面向人民生命健康，着力解决经济社会发展中的难点热点问题，是科学研究的出发点和落脚点。

河湖水系连通既是实现水资源可持续利用的治水新理念，是实现水资源统筹调配防止水环境恶化、水灾害频发的一项重大举措，又是一项复杂的系统工程，存在诸多基础理论和技术瓶颈问题，亟须开展深入研究以突破“水系连通理论—环保疏浚装备—疏浚土安全利用—水生态修复与重构”内陆水系综合治理全技术链瓶颈，为实现“人水和谐”的可持续发展提供科技保障。

在长江经济带国家重大发展战略和湖南省“一湖四水”生

态环境综合整治现实需求的双重驱动下，2018 年，湖南省重大科技专项——“江河湖库水系连通智能环保清淤关键技术与装备研究及示范”项目开始启动。该项目由湖南省交通水利建设集团有限公司（现已合并至湖南建设投资集团有限责任公司）牵头，湖南百舸水利为主，联合湖南省交通科学研究院有限公司等多家企业、院所共同承担，围绕水系连通理论、环保疏浚装备、疏浚土处置利用、水系生态修复等关键技术问题开展科技攻关。

本项目实施的主要目标是为湖南省江河湖库水系连通工程、环保清淤、底泥处置和生态修复提供切实的水量、水质和水美的技术支撑和工程示范。该课题负责人介绍：“这个项目是一个系统，具体包括四个方面：针对洞庭湖区水系连通重大理论与技术需求，开发与构建一套洞庭湖区水系连通的水文、水动力和水质联合数学模型；针对江河湖库清淤需求，研发新型智能化环保清淤技术与装备；针对湖南典型流域疏浚土理化性质和污染特征的差异，形成一套疏浚土资源化利用技术体系；针对污染河道生态系统结构失衡和底泥清淤后引起的淤泥漂浮、底泥释放等问题，研发一套基于非经典生物操纵理论的固化微生物和植物组合的生物修复技术。”

组织：联合攻关科学管理

群雁高飞头雁领。本项目特邀中国工程院王浩院士担任首席技术专家。本项目参研人员中正高级职称 20 人，副高级职称 30 人，总参研人员达 100 余名，人才实力雄厚，人员结构合理。众多高科技技术和高层次人才的注入，为本项目增强技术引领、集聚创新资源和突破关键技术制约提供了强有力的支撑。

参与本项目研究的单位有湖南交水建集团、湖南百舸水利、长沙矿冶院、湖南交通科研院、中国水科院、长沙理工大学、三峡大学、湖南大学、湖南水电设计院、山东江河湿地生态院等共10家单位，涵盖企业、高校、科研院所。该项目下设4个子课题。

众多参与单位、专家各有所长，却又各处其位，地域横跨北京、山东、湖南、湖北等省市。如何将这不同行业、不同地域、不同单位的课题组专家团队攥指成拳，催生战斗合力呢？

经过反复商议，该课题组给出解决这一难题的“答案”，即进一步完善机构和建章立制，明确了各子课题承担单位和个人的职责，压实主体责任。

该课题组加强与各参研单位之间的沟通协作，制定了内部管理办法，以及课题责任人负责制、重大事项报告制度、定期检查制度、工作例会制度、沟通交流与资源共享制度、课题考评制度和责任追究制度等8项管理制度，各参研单位还建立了各自的科研管理制度，为项目研究进度的动态管理和成果质量提供了保障。

制度是最好的管理，行动是最好的落实。为了提升工作效率，本课题组派出了专职研发人员分别前往三峡大学、山东江河湿地生态研究院共同参与课题研发。在课题结题关键时期，本项目启动周调度、日调度工作机制，规范管理，确保进度不受影响。

成果：勇攀国际领先新高峰

不经一番寒彻骨，怎得梅花扑鼻香。在四年的执行期内，本课题组攻克了关键技术 8 项，研制了工程装备 1 套，开发新产品 2 项、新型实验装置 3 项，提出工程应用方案 2 套，编制技术标准 4 部，出版学术专著 1 部，发表论文 60 余篇、申请专利 40 余项。

水系连通。建立了基于生态基流的水系连通性评价指标体系，研发了水系连通工程新技术，解决了水系连通工程中的技术难题。

深水清淤。以前，江河湖库疏浚作业船舶一般只具备 20 米左右的作业水深，但绝大部分水库水深远超 20 米，部分水坝水深甚至超过 200 米，传统疏浚船舶无法作业。

智能环保深水清淤装备在水库开展工程示范

在课题组的努力下，智能环保深水清淤装备应运而生。

多数江河湖库对环保要求高，多数为饮用水源，避免次生污染也是一大难点，这款智能作业船在水下如何减少二次污染？据了解，作业船的搅吸装置上配有一个保护罩，既可提高淤泥收集的浓度，又能减少对周围水体的环境扰动，而且能前后左右大范围移动，实现多角度清淤。这样能避免频繁移位带来的底质扰动，从而减少二次污染。

如此，这款智能深水环保清淤成套设备的研发，解决了长期困扰水利人江河湖库清淤的难题。其最大作业能力达 340 米水深，最大行驶速度达 1.1 米/秒，水下作业控制精度±20 厘米，清淤最大输送流量 666 米^3/小时，突破了清淤过程大水深、低扰动、精确控制、稀软地行走等技术瓶颈，可满足中国内陆所有需清淤湖库的水深要求，被专家评为“国际领先”的关键创新技术。

疏浚土再利用。研发了具有同步氧化降解有机污染功能的新型复合脱水调理剂；研发了适用于洞庭湖水系疏浚土重金属复合污染特征的无害化调控技术；提出了疏浚土资源化分类方法；建立了基于生态安全和全组分资源化利用的疏浚土处置流程与技术体系，实现了疏浚土分类增值安全利用。

江河湖库清理的淤泥在无害化处理后变废为宝，进一步由水运、水利领域推广至公路建设领域。比如，将有机废弃物与清淤底泥混合堆肥后，制备了绿化基质，成功实施了高速边坡绿化工程和弃渣场生态修复工程，成功解决了红色砂岩、泥质粉砂岩及砾岩边坡及弃渣场土壤肥力重与植被快速恢复问题。

本项目研究成果还在湘阴县燎原水库、岳阳市长江补水工程、平益高速公路工程等多个项目中成功应用。通过优化设计、减少征地、节省材料、缩短工期等方式，创造较好经济效益。

水体生态修复。研发了基于载体固化技术的高效脱氮除磷微生物，实现了载菌量、脱氮除磷效率、使用寿命的提升；提出了载体固化微生物＋水生生物组合的河流水体生态修复综合调控技术，解决了水体食物链、栖息地、生态环境多样性三者高效修复的技术难题。

河道水体生态修复技术，确定了苦草－金鱼藻－香蒲和凤眼蓝的最优植物配置方案，在岳阳市境内华洪运河的三封寺镇、钱粮湖镇段等沿线种植，水质由原来的Ⅳ、Ⅴ类水，恢复到目前的Ⅱ、Ⅲ类水。

长沙市望城区大纵垸新康片区水系连通工程，植物－微生物修复技术在梅树河南支运用，使示范河段的水质从实施前的劣Ⅴ类水提升至Ⅱ类水，改善了河道水体自身净化能力，形成了水生态景观，达到“水活、水清、水美”的目标。

据了解，该项目自 2018 年 6 月实施以来，课题组经过 4 年的攻关，取得了丰硕的科研成果，建设了望城大众垸水系连通工程、澧县河湖水网连通生态水利工程等应用示范工程，提出工程应用方案 2 套，新型实验装置 3 项，编制标准 4 项，出版学术专著 1 部，发表论文 62 篇、申请专利 41 项。

该项目成果得到中国工程院胡春宏院士为首的专家组的高度评价，专家组成员一致评定该成果总体达到国际领先水平。该项目在省科技厅组织的综合绩效评价验收会上，以综合绩效评分 95.8 分、同期排名第一的成绩通过验收。

带着江河湖库水系连通智能环保项目，凭借“国际领先”

的关键技术，湖南百舸水利跑步进场，或将成为流域治理这个千亿环保赛道的“领跑者”。

治理后的大众垸梅树河河道

望城大众垸试验示范展示牌

应用：创造生态疏浚新产业

江河湖库水系连通能有效解决湖区目前存在的水资源供需矛盾、构建航运网络、提高发电效益、保障农业灌溉、改善区域水质、修复水生态、增强防洪能力等问题，实现社会效益、生态效益、经济效益“三效合一”。

有利于加快局部地区的水循环。水系连通可以扩大缺水地区的水面面积，使得水圈和大气圈、生物圈、岩石圈之间的垂直水气交换加快，有利于水循环的运转；同时还可提高江河湖库的水资源更新能力，起到改善水质、修复生态环境的效果。

有利于形成湿地，改善局部气候。在长期调水工程附近可形成薄层积水土壤的过湿地段——湿地。湿地可净化污水和空气，汇集和储存水分，补偿调节河湖水量，调节气候，为珍稀和濒危野生动物提供栖息的场所，保护生物多样性。

有利于改善水环境状况。水系连通有利于营养盐进入河道水体，能促进饵料生物和鱼类的生产与繁殖、促进渔业的发展；使引水量显著增加，径污比增高，水质控制条件趋于稳定，改善水质；可扩大水域面积，在此基础上，进一步建设风景区和旅游景点，以改善和美化生态环境。

有利于生态系统的恢复和保护。水系连通后，可以改变区域的各种特性，如改变地形、地貌、水面、森林、农田、草地、土壤、植被、陆生生物、水生生物和城镇等特性，使生态环境朝有利的方向发展。

目前该项目成果已经在湘阴县燎原水库、望城大众垸水系连通工程、澧县河湖连通工程、平益高速公路工程等多个项目中成功应用，实现工业总产值约 6.3 亿元，创造直接经济效益 3 000 余万元，创造利润近 3 000 万元，实现纳税 2 000 多万元。并为《湖南省水安全战略规划（2020—2035 年）》及《湖南省十四五水安全保障规划》的顺利实施提供了科技支撑，将持续为湖南省乃至全国的江河湖库水安全保障保驾护航。

专家点评

兴水利、除水害，历来是治国安邦的大事。洞庭湖独特的水文气候条件和地理位置，奠定了长江中游洪水重要调蓄场所和国际重要湿地的重要地位。湖南百舸水利勇于开拓创新，敢为人先，破解了江河湖库水系生态治理的技术瓶颈，打造了“连通＋疏浚＋利用＋修复”的内陆水系全链条生态治理新模式，生态治理成果达到国际领先水平，为守护好一江碧水做出了突出贡献，完成了一份治水富民的高分“答卷”。

从生态美到百姓富的乡村旅游发展之路

——怀化市鹤城区黄岩旅游度假区绿色发展纪实

要加快推进乡村振兴，立足农业资源多样性和气候适宜优势，培育特色优势产业。要以实施乡村建设行动为抓手，改善农村人居环境，建设宜居宜业美丽乡村。

——习近平 2021 年 3 月 25 日在福建考察时的讲话

鹤城区黄岩旅游度假区，位于怀化市东部凉山之腰，距城区 18 千米，平均海拔 850 米，为典型的喀斯特高山谷地。1996 年由原黄岩乡改设，辖白马、大坪两个行政村，有“怀化庐山”和“鹤城西藏”之美誉。2015 年以前，受旅游资源开发水平不高、基础设施不完备、宣传不到位等因素影响，黄岩发展一直不温不火，甚至一度低迷。

风景迷人的黄岩旅游度假区

2015 年以来，黄岩旅游度假区转变思路，基于自身生态禀赋，着手实施“生态＋”战略，积极改善人居环境，发展生态旅游产业，推进乡风文明建设，筑牢乡村振兴之基。近年来，先后入选《2019 世界旅游联盟旅游减贫案例》，创建国家 AAAA 级旅游景区，获评湖南省最佳自驾游目的地、夏季避暑胜地称号，入列湖南省旅游古城商道线路，积极打造“鹤飞凤舞”旅游城市联盟品牌。大坪村入列全国乡村旅游重点村名录、入选第一批国家森林乡村名单，白马村获评“全国美丽休闲乡村”和“全国乡村治理示范村”称号。美丽的黄岩走出了一条从生态美到百姓富的绿色发展之路。

改善人居环境

按照“示范先行、样板引路、整片铺开”的工作思路，持续推进“道路油化、路灯亮化、卫生美化、村有绿化、墙有文化”建设，推动大坪村断坳、白马村滕家垄等 5 个片区农村人居环境综合整治，着力营造山清水秀、环境优美的宜居黄岩。

航拍怀化市鹤城区黄岩生态旅游区的大坪村

修缮道路，打通关节。实施“三个层面”改造。一是新建道路。以方便村民和游客为首要目标，先后建成农村村组公路 12 条，长 33 千米，沿线安装有太阳能路灯，极大地带动了当地产业的发展。二是修整提质。对原有破损、未硬化的杨村至黄岩、大坪村断坳等片区及白马村腾家垄区域道路进行提质改造，共改造 5 条，长 30 余千米，群众休闲出行舒适度可与城市小区道路相媲美。三是改造宅间道路。大坪村、白马村改造院落实现“户户通”路面，统一铺设麻石板，并安装宅间路灯，从此结束了村民“串门访邻满脚泥，胶靴常穿不稀奇”的历史。

改造房屋，美化环境。突出“三类处置”。对于空心危旧房及杂屋房，黄岩管理处采取“发动群众—引导自拆—组织拆除—土地整理—实施规划”的五步工作法，累计动员无偿拆除无人空心危旧房 20 处，破烂偏房、杂屋 30 余间，腾出空间实施绿化处置或庭院改造。对于村民主体房屋，以“复古”色调为主，在尽量保持农村居民房屋原俗风貌的基础上，简易统一改造色调。原有“木屋”，全部重新清漆刷面、檐口白色改造、室内地面硬化；原有“砖房”，墙面统一恢复灰、白江南古村的民俗色调。累计改造白马洞、滕家垄、大坪房屋 100 余栋。对于农家庭院，以“清”“栏”为主，庭院内所有杂物摆放基本统一规范，新建杂物间 30 余间，庭院地面统一实施水泥压模，累计硬化庭院面积 5 000 平方米，每户之间以防腐木质护栏或花纹红墙间隔。

改建厕所，提升文明。改建厕所注重严把“三关”。一是发动关。及时向村民公开支持政策、施工流程、设备采购、服务承诺等事项，充分发动群众提高改厕自觉性、主动性，改厕率达 100%。二是规范关。广泛印发《农村户用厕所建设技术规范》，严格确定选材质量标准和技术参数，全部实施“三格式”改造新建，明确专人负责质量把关，组织村民代表全过程监管，累计实施改造户用厕所 1 100 座，“三方”一次性验收合格率达 100%，群众认同感 100%。三是污水处置关。累计新建集中式污水生态处置池 3 座，新建污水处理沟渠 2.5 千米，每户厕所及生活污水全部实现集中处置。

整合资源，守护碧水。盘活“三大景观”。一是塘水。利用大坪、滕家垄废弃的 2 座池塘，分别拓宽新建 2 个中心景观湖，兴建环湖游步栈道 2 000 米，人行拱桥 1 座，打造成为周边村民休闲中心。二是井水。对大坪、白马原有荒废古井进行改造，修复地下水源，使停水数十年古井重新冒出井水；并挖掘古井民间故事，分别命名为“映月古井”“感恩井”，打造成古村的标志性景观。三是溪水。充分利用滕家垄组古溪“一日三潮”传说，组织清理小溪底部淤泥 80 米宽，两岸护坡做卵石处理 50 米，基本恢复了“小溪每日三次涨潮”预告晴雨的奇特景观。

黄岩生态旅游区青山掩映下的绿色村庄

多措并举，防治污染。一是完善环卫设施。在大坪、白马各新建集中清运垃圾池（屋）2座，在村民居住点及人流集聚点区域布设分类垃圾桶50余个，每户布设可分类垃圾桶1套。二是设立环保网格员。全面落实生态环境保护“门前三包”，每个村组安排2～3名专职环保网格员，负责网格内生态环境污染问题的初步处置及情况上报，建立垃圾清扫保洁、收集转运、终端处理体系，基本形成完整的垃圾处理闭环系统。三是形成观摩机制。每季度组织群众代表就观摩考核，考核结果与村庄后续项目经费挂钩，实行以奖代补，争先创优的良好局面基本形成。四是加强综合督导。根据《鹤城区环境保护工作责任规定和责任追究办法》，成立专门督导组，对村组进行常态化督导，并建立台账销号机制，有过必担当、有过必追究的责任体系逐步建立。

植树种草，绿化环境。大力实施乡村绿化行动，狠抓村组道路、溪河、房前屋后、闲置土地绿化，鼓励庭院绿化、美化。片区绿化方面，5个改造片区，均建有中小型绿化广场，新栽植红桂皮树、檵木球等景观树木800余棵，铺设草坪1 600余平方米，绿化用地全部为集体用地或村民拆旧房用地，村民异议率为零。道路沿线绿化方面，栽植红枫、茶梅、夏鹃等道路绿化植物3 500余棵，绿化用地全部为村民自留地且无偿提供，滕家垄等片区新建道路期间，两侧村民主动投工投劳200余人次。庭院绿化方面，每户均栽植桂花树2～5棵，60%以上村民自行出资栽植吊兰、爬藤等花卉植物，烘托整村改造氛围。

发展特优产业

生态资源丰富，但山多田少，无特色产业，度假区内白马村、大坪村曾同为省级贫困村。2014 年，两村的人均纯收入仅有 1 000 余元，生态资源难以转化为经济效益。黄岩旅游度假区通过多年探索走出了一条打造“凉风”产业链与农旅融合的产业发展之路，成效显著，截至 2021 年年底，两个村人均纯收入达到了 2.5 万余元。黄岩“全民众筹”的乡村旅游扶贫模式，被纳入世界旅游联盟旅游减贫案例。

立足生态，开发旅游。黄岩气候凉爽，植被茂盛，再加上飞瀑流泉、溶洞成群的独特形态，黄岩旅游度假区管理处通过筹集多种形式资金共同入股组建怀化辉皇旅游开发有限责任公司，通过“卖凉风”，走出一条休闲避暑旅游的新路。目前，怀化大峡谷景区、白马风景区两个核心景点已然成形，拥有天池、玉湖山庄、3 万亩鸭梨江原始次生林、风洞和钟鼓溶洞等自然风光，推出溶洞漂流、玻璃栈道等 30 多个娱乐项目。

黄岩旅游度假区：“凉风”产业吸引游客

产业延链，培育动能。在发展“凉风”产业过程中，黄岩旅游度假区拉长旅游产业链条，打造集“吃住行游购娱”为一体的一条龙特色景区。黄岩依托景区优势和高山农产品生产延季特性，开发旅游农特产品，大力发展高山水果、蔬菜、养殖、餐饮等产业，努力实现“村庄美、产业兴”。在新增延季蔬菜 600 亩、红心猕猴桃 800 亩、黑猪等养殖基地 400 亩，打造休闲观光农业采摘园，举办蓝莓、玉米、黄桃等果蔬采摘节，新增农家乐 3 家的基础上，再加大投入，探索社会资本融入机制，实现农旅融合助农增收。将农民作为旅游从业人员来引导。按照因人设岗、因人培训等原则，有计划地开展物业、驾驶、导游、餐饮等岗位培训，参培人员 300 余人次，基本实现每户有 1～3 人参培目标，200 余人已在岗或随时上岗从事旅游服务。

就业优先，助力增收。大坪村是省级重点扶贫村之一，通过开发打造旅游项目，不但提高了当地各行业经济收入，还解决了当地劳动力就业问题，使全村 187 户 825 人增收，86 户贫困户 323 人脱贫致富；大坪村先后获得“无公害蔬菜生菜基地”“供港澳蔬菜生菜基地”等荣誉称号。怀化市德新农副产品有限责任公司在大坪村采取“公司＋合作社＋农户”模式经营，从事农副产品的生产、加工及销售，提供食材配送服务、预包装食品销售，提供畜牧水产品的养殖及销售，为游客提供餐饮、住宿服务及旅游观光服务。聚焦竹笋、水果等农产品加工及融线上线下销售为一体，2021 年产值达 50 多万元，带动 100 余人就业。

干部带头，真抓实干。各级干部尽责履职、主动作为、示范引领，有力带动了村民参与产业发展。干部转变发展思路，将美丽乡村建设与黄岩“生态+”产业发展模式相结合，通过政府帮扶、村民集资的方式把“资源”变“资产”，“村民”变“股民”，“扶贫资金”变“股金”，从而实现农村资源“活”起来、农村要素“动”起来、贫困群众“富”起来的最终目的。管理处方面，党政主要负责人及参与干部基本放弃节假休息日，积极与鹤城区相关部门协调达300余次，确保了项目资金、项目规划、项目建设等各环节程序有序按节点推进；项目部方面，项目指挥长及项目团队坚持高起点规划，高质量

大坪村发展高山农副产品带动村民共同富裕

推进，克服山险路远等困难，推行“轮流驻村”“集中驻村”等现场管理制度，严把工程质量关、效果关，严格资金管理，切实实现了“小钱办大事”目标。

共建乡风文明

近年来，黄岩旅游度假区有针对性地开展精神文明建设，开展丰富多彩的文体活动，深化文明创建，弘扬文明乡风，培育良好家风、淳朴民风，凝聚各方力量，以精神文明建设的新成就扮靓新家园。

强化党建引领。一方面，将发挥党员示范作用、注重村落环境卫生、解决邻里矛盾纠纷、村规民约执行情况等内容纳入村党支部“五化”建设考核内容，2020 年大坪、白马村 2 个党支部均实现“五化”建设目标。另一方面，将美丽乡村建设执行情况纳入黄岩管理处党员干部驻村包组、转变作风、党史学习教育等党建工作责任内容。全体党员干部发挥主体作用，深入矛盾调解、危（旧）房改造、厕所革命等工作一线，修订村规民约，设立村级各类公益组织，有力保证了改造硬件、软件同步推进、同步配套，农村人居环境整治改造项目村民满意率达 98%以上。先后推荐在美丽乡村建设中成绩突出的 3 名干部进城、2 名干部担任站所负责人。

加强村民自治。成立解决村级矛盾纠纷、红白理事、道德评议、禁毒禁赌、村民议事等群众自治组织，每户安排 1 人以上参加相应自治组织，带动全家遵规守约。常年聘请村民 10

余人，专门督促落实环境卫生、文明行为、村规民约等工作，有效调处制止各类邻里矛盾纠纷，制止不文明、不卫生行为。结合文明创建、环境保护工作，在草地、停车场等场所设置公益性提示牌，在村民日常聚集区，安装村规民约等广告牌，累计安装各类公益广告牌 30 余处。根据村民的政治面貌、所获荣誉等特征，每户设置有党员示范岗、模范党员户、卫生示范户等具有个人属性标识，以增强村民的归属感、自豪感，正向激励村民行为规范。同时，积极开展“平安五好家庭户”“文明家庭户”等创建评选活动，文明评比户达到 90%以上，争先向上的氛围逐步形成。2020 年以来，黄岩保持了无刑事治安案件、无上访户、无违法生育、无新增吸毒人员的“四无”目标，获鹤城区综合治理先进单位荣誉称号。

丰富文化生活。加强文化体育阵地建设，建立农家书屋、现代远程教育站和村民体育健身广场等文体设施，组织成立业余文艺表演队伍，年均开展文体活动 3 次以上。挖掘黄岩红色资源，建成黄岩农民暴动遗址，成为全市爱国主义教育基地、党史教育推荐基地。

白马村花海

专家点评

过去黄岩自身生态禀赋未得到良好实现，宛如仙境的绿水青山“养在深闺人未识”。值得欣慰的是，黄岩度假区转变发展思路，立足自身优势，发展特优产业，改善人居环境，共建乡风文明，走出了一条从自然美到百姓富的绿色发展之路。其中，决策者的睿智与担当，政策措施的果断与坚决，人民群众的理解和支持，都是不可或缺的因素。

飞入寻常百姓家

——株洲市宣传生态文明的实践与启示

要推动在全社会特别是在青少年心中播撒生态文明的种子，号召大家都做生态文明建设的实践者、推动者，持之以恒，久久为功，让我们的祖国天更蓝、山更绿、水更清、生态环境更美好。

——习近平 2022 年 3 月 30 日参加首都义务植树活动时的讲话

生态文明建设需要全民参与、人人行动，方能汇聚齐抓共管的磅礴伟力。近年来，株洲市推行生态文明“六进”活动，实施生态文明宣教四大工程，强化环保意识、凝聚全民共识，获中央文明办、生态环境部“美丽中国，我是行动者”十佳宣传活动候选案例奖，被评为湖南省十佳案例。

传统环保宣教效果欠佳

党的十八大以来，株洲生态环境宣传教育持续推进，但效果不甚理想。调查显示，公众对生态环境保护工作的知晓率只有55%左右。生态环境部门建了网，各种宣传标语也贴了，其他事也没少做，为什么公众对生态环境保护工作的认知和参与度依然不高呢？

株洲市生态环境局认真思考，广泛征求各方意见，找到了症结。“环保与我的生活关系不大嘛！”“现在的宣传不就是复制粘贴吗？”一些老百姓对环保宣传不感兴趣。“你看那些宣传标语都张贴在政府部门，环保是政府的事情啦。”“平时很少见到环保宣传呀。”“我能为环保工作干点啥呢？”部分市民对环保宣传的对象、宣传方式、宣传内容提出了自己的看法。看来接地气不够、对象不准、力度不大、内容缺乏吸引力是环保宣传存在的问题。

2019年以来，株洲市对症下药，发挥环境宣传教育的引导、支撑和保障作用，强化老百姓的环保意识，树立生态优先绿色发展理念，全力构建以政府为主导、企业为主体、社会组织和群众共同参与的环境治理新体系。在全国率先出台《生态文明宣传教育工作指导意见》《“开门搞环保”工作实施方案(试行)》等一系列文件，取得了显著成效。

实施生态文明入脑入心工程

推动生态文明进机关。为更好建立大环保工作格局，株洲将学习贯彻习近平生态文明思想融入各级各部门的党日活动或集体学习中，纳入各单位绩效考核评估。通过举办专题研讨班、大讨论、大宣传等活动，不断强化各部门生态优先、绿色发展理念。“现在我们招录干部、绩效考核都有生态环境的内容了。”“通过这种方式，我们将生态环境的宣教做实、做硬了。”“没过关，还影响我们的绩效呢！”市政府办、自然资源局等部门的工作人员感受很深，“对公务员来说，这种软硬兼施、软中有硬的办法还是很管用的！”“不学不行啊！”“当官就该带头学啦！”不少市民纷纷为此点赞。

推动生态文明进企业。企业是生态环境保护工作的重要主体。株洲通过“生态文明知识咨询讲座”“企业环境责任培训”“环保法律法规进企业”等活动，将相关法律法规、生态文明知识宣传贯彻到企业。先后建立100余支企业生态环境宣传小分队，采用正反典型案例进行示范和警示教育。鼓励规模以上企业积极配合政府部门开展生态文明志愿活动，增强企业参与意识，为相关活动提供人员、设备和资金支持。这不仅增强了企业的环保意识，也无形中降低了企业环保违规的风险，受到了企业的欢迎。“我们受益匪浅，这种形式很好！”千金药业的员工对此评价很高。

推动生态文明进学校。学生是环保宣教的重要对象。株洲环保携手教育部门，编印环保配套教材、宣传读本，规定教育课时，推出适合青少年学习的“课程包”，广泛开展生态文明宣传和实践活动。组织演讲比赛、征文比赛、生态环保知识竞赛等主题活动。积极开放各类环保设施，引导中小学生认识、体验、关注生态环境，致力培养具有强烈生态环保意识和良好生态文明习惯的新一代株洲人。

推动生态文明进社区。社区是环保宣教的重要场所。近年来，株洲环保宣教深入天鹅湖等 40 余个社区，建立了常态化工作机制。创建生态文化长廊、社区活动室、图书室等设

生态文明进社区活动

施，不断丰富生态文明宣传图片，普及生态文明知识。通过社区广播、签订文明守则、知识抢答赛、文艺汇演等多种形式与居民互动，吸引群众达 15 万余人。“没想到环保还可以这样做”“节目很有趣，有吸引力”“我们老年人也喜欢看”，湘湾社区的居民乐在其中。

推动生态文明进农村。农民是环保宣教不能忽视的群体。株洲将生态文明宣教与农村环境污染整治、村容村貌改善、农村基础设施完善、特色村镇培育、乡村文明创建等五大工程结合起来，先后在天元区雷打石镇等 30 余个乡镇开展环保宣传活动。通过知识抢答、问卷答题、观看环保电影等环节，共吸引 10 万多农民群众参与，实现了生态效益、经济效益、社会效益同步提升，给广大农民群众带来看得见、摸得着

生态文明进农村活动

的获得感和幸福感。“看来，改厕和垃圾分类很有必要，惠及子孙后代啊！”徐家塘村的张老爹感触颇深。随着宣教的深入，越来越多像张老爹这样的乡下人转变了观念，接受了健康卫生的生活方式。

推动生态文明进网络。株洲积极搭建线上环保宣传平台，通过株洲市广播电视台、株洲生态环境公众号、微信微博等载体开展网络知识答题、线上环保知识宣传等，实现生态文明“六进”活动全覆盖。仅 2022 年全市六五环境日主场活动，群众网络观看量就接近 200 万人次。

在社会各界的支持下，株洲连续四年成功举办生态文明“六进”活动近百场，总投资不到 35 万元。一大批绿色企业、行政单位等主动参与，进一步降低了活动成本，提升了宣传效能。“六进”活动具备成本低、覆盖广、类型多、效果好等特点，群众对生态环境工作的知晓率从 2016 年的 55%提升到 2022 年的 95%以上，形成了一整套可复制、可推广的“株洲环境宣传模式”。

推进思想舆论引领工程

加强主流媒体宣传。株洲充分发挥主流媒体优势，弘扬正能量，占领主阵地。加强环境形势的宣传和政策解读，普及生态科学知识和法律法规，报道先进典型，曝光违法案例。“电视上的环保报道多了，网络上也经常看到生态建设的案例。”不少市民谈到了主流媒体这些年来的变化。尤其是各类媒体集中开展的生态文明建设和污染防治攻坚战成果专题报道和深度报道，引起了观众的浓厚兴趣，成为百姓茶余饭后的话题，进一步提升了大众对株洲生态环境工作的关注度。

拓展宣传方式和渠道。扩大生态文明宣传范围，拓宽沟通渠道，利用微信、微博、抖音等新媒体组织开展线上互动活动；拓展公共区域宣传，在公交站点、公交移动电视、户外显示屏投放生态文明公益广告片；在餐厅、商场、宾馆等场所投放生态文明宣传手册。鼓励景点、演艺厅、体育馆等场所宣传生态文明知识。虚实结合、动静结合、固移结合的宣传方式，进一步扩大了受众群体范围。

开展主题活动宣传。充分结合“6·5环境日”“低碳日”等重要时点，策划组织创意新、影响大、效果好的生态文明宣传活动。近年来，株洲持续推动“美丽中国，我是行动者——绿色卫士下三湘”活动；深入开展《我的环保故事》摄制、征集和展播活动；积极参与“美丽中国××（地名）篇”展播活动；在茶陵县茶乡花海、石峰公园樱花节、神农城灯会节等各种旅游节庆活动中植入生态文明内容。特别是借助“炎帝陵祭典”“醴陵陶瓷产业博览会”等具有株洲特色的传统活动开展绿色宣传，起到了锦上添花的效果。“没想到，在这种场合还能见到株洲生态环境宣传标语，有意思。”江西客商李老板莞尔一笑。围绕新冠肺炎疫情防控，重点做好“呵护自然生态、保护野生动物”的宣传。

强化典型示范宣传。榜样的力量是无穷的。株洲大力挖掘、培育和树立一批生态文明建设的先进典型，开展“最美基层生态环保人物”等评选活动，激发社会各界参与生态文明建设的热情，引导大众自觉履行生态环保义务。依照“谁执法、谁普法”的要求，做好普法宣传。通过“以案释法”，加强案例曝光工作，使生态文明深入人心、家喻户晓。

打造生态文化提质工程

保护和传承株洲特色工业文明遗产。株洲是工业重镇，工业历史厚重，清水塘等老工业区久负盛名。保护工业遗产遗址、挖掘其精神内涵可以很好地促进工业旅游。近年来，株洲强化遗产遗址保护，打造“两馆＋”（两馆：湖南省工业遗址博物馆、中国机车博物馆）工业遗址公园。引进一批文创旅游

株洲清水塘老工业区一隅　《湖南日报》谢睿楠摄

项目，在转型中留下城市文明记忆，打造国内独一无二的工业文化地标。大力宣传、记录清水塘老工业区蝶变过程，反映株洲从重污染城市到生态宜居型城市的巨大转变。

“看到这些图片，就想起了过去奋斗的岁月!”退休老工人李师傅感慨万千，“今非昔比，绿色发展好，株洲变化大!”

传播株洲特色生态文化。借鉴和弘扬株洲传统文化和理念，挖掘山水文化、陶瓷文化、炎帝神农文化、工业发展史等株洲特色文化中的生态元素与精髓，是株洲环保宣教的一大亮点。培育、做强如“湘江毅行”等贴近生活、风格独特、内涵丰富、生命力强的株洲特色生态文化。先后创作了舞台剧《蝶变》、歌曲《生态文明之歌》、微电影《小山小水穿越株洲十二时辰记》、纪录片《初心与使命》、书籍《向往生态文明家书》等一大批极具株洲特色的生态文化产品。在全省率先原创生态环境微电影、率先打造生态文明沙画文化作品、率先以快闪的形式演绎生态音乐短片等。多项宣传教育创新成果先后由新华社、学习强国、人民网、《中国环境报》《湖南日报》等中央、省市媒体宣传报道，累计刊发各类新闻稿件 1 000 余篇。

充实生态文化载体。充分发挥图书馆、博物馆、文化馆等在传播生态文化方面的作用。加强湿地公园、森林公园、自然保护区、风景管理区的建设和管理，打造株洲市生态文明宣传基地。将环保宣教与休闲娱乐、阅读观展、文体活动等深度融合，起到了潜移默化的效果。

培育生态文明价值观。结合社会主义核心价值体系的培养，在全社会大力倡导和树立“尊重自然、保护自然、和谐发展、全民参与”的现代生态理念和生态伦理道德，使之成为公众自觉的行为意识。

徒步湘江环保毅行活动

创新公众参与工程

推进绿色文明示范创建。践行《公民生态环境行为规范（试行）》，大力倡导简约适度、绿色低碳的生活方式，反对奢侈浪费和不合理消费。大力发展公共交通，鼓励自行车、步行等绿色出行。开展创建绿色家庭、绿色学校、绿色社区、绿色商场、绿色餐馆等行动，通过这些看得见、摸得着的活动持续强化公众环保意识，引领社会风尚。

推进环保设施向公众开放。株洲出台环保设施向公众开放办法，拉近环保机构与民众的距离，让老百姓零距离接触环保设施，了解环保监测常识，揭开环保设备的神秘面纱。“原来，空气污染是这样监测的，真是大开眼界！”观众乘兴而来，尽兴而归，收获满满。与此同时，鼓励企事业单位和各类社会组织利用自身资源创建生态环境教育基地，提供不同服务，进一步满足公众的环保需求。

保障公众环境知情权。知情权是参与权的前提和保障。株洲规范环境信息公开，提升环境信息和数据通俗性和便民度，帮助公众及时获取权威环境质量状况、重要政策措施、企事业单位的环境信息、突发环境事件信息等。加强环境信息库建设，推进企业发布环境社会责任报告，让公众充分知晓环境状况。“现在，我们也能及时知道环境状况了，一些数据也能查到。”“我还准备提交一份建议。”退休教师老王对环保工作饶有兴致。

通过多维度、多渠道宣传教育，株洲生态文明建设取得了显著成效，生态环境质量全面改善。市区空气优良天数从 2013 年的 214 天增加到 2022 年的 296 天，空气综合指数实现“连年降”，长年稳居长株潭地区第一。洣水长期保持或优于Ⅱ类，湘江株洲段水质 2016 年从Ⅲ类提升到Ⅱ类，渌江水质 2022 年从Ⅲ类提升到Ⅱ类，全市主要江河水质基本实现了Ⅱ类水；森林覆盖率稳定在 62%以上，湿地保护率稳定在 71.68%以上，株洲获评“中国最具生态竞争力城市”等荣誉。

专家点评

生态文明贵在全民行动，增强全民生态环保意识至关重要。株洲实施“四大工程”，推进生态文明“六进”，体现了习近平生态文明思想整体系统观、基本民生观等内涵，调动了政府、企业、公众的积极性，体现了全覆盖、低成本等特点。充分运用现代传播学基本规律和教育理念，做实做深生态环境宣教，富有创新性、实效性、普适性，值得学习借鉴。

绿色园区建设

“五好”园区的绿色循环发展之路

——宁乡高新区谱写生态文明与工业发展深度融合新篇章

我们要加快发展方式绿色转型，实施全面节约战略，发展绿色低碳产业，倡导绿色消费，推动形成绿色低碳的生产方式和生活方式。

——习近平 2022 年 10 月 16 日在中国共产党第二十次全国代表大会上的报告

长沙往西，约三十千米处，沩水、八曲河、官桥河在境内蜿蜒而过。清澈的河水、成排的绿荫、林立的现代化厂房，在这里交相辉映。这就是国家级宁乡高新技术产业开发区（以下简称“宁乡高新区”），这是宁乡经济起飞的新起点。

宁乡高新技术产业园区

国家级宁乡高新技术产业开发区的前身是宁乡高新技术产业园区。这里从 2006 年建立工业集中区开始，2012 年升级为省级工业集中区，2015 年升级为省级高新区。2022 年 12 月，国务院正式批复升级为国家高新技术产业开发区，定名为宁乡高新技术产业开发区。

宁乡高新区 2018 年获评湖南省绿色园区，在 2021 年度环保信用评价中获评“环保诚信园区”。在 2021 年度全省“五好”园区创建综合评价中位列全省第十位、省级园区第三位。

在园区的发展过程中，宁乡高新区坚持把节能、低碳、环保作为发展的主线、建设的主题，以实现社会效益、经济效益、环境效益三赢局面为目标，成功打造出“五好”园区新形象，谱写出一幅生态文明与工业发展深度融合的新画卷，走出一条高质量发展的园区绿色道路。

思路决定高度，围绕绿色循环抓规划

工业园区的发展，如何进行产业定位，如何构建产业链，至关重要。很多园区发展初期，引进一些高能耗、高污染的项目，走了不少弯路。

宁乡高新区从建立工业集中区开始，就确定了可持续发展的路线。按照高质量发展、绿色发展的要求，围绕绿色循环做规划，致力于打造绿色循环的产业体系。

园区规划的“金洲锂电谷”，已经基本形成全链条的产业路径。目前，金洲锂电谷先进储能材料产业已经成为国内少数拥有完整锂电储能产业链的园区之一。从入园企业看，集聚了比亚迪、巴斯夫杉杉、邦普循环科技、中科星城石墨、中材中锂等10余家锂电龙头企业。从产业链条看，形成了湖南省园区中唯一“上游材料→锂电池正极（湖南杉杉新能源有限公司）、负极（湖南中科星城石墨有限公司）、隔膜（湖南中锂新材料有限公司）、电解液（湖南航盛新能源材料有限公司、多氟多集团）、包装辅助材料（湖南昇沃新材料有限公司）→电芯及PACK（比亚迪股份有限公司）→锂电池组装及应用（湖南昇沃新材料有限公司、湖南华兴新能源科技有限公司）→废旧电池回收再利用（湖南邦普循环科技有限公司）”的完整产业链闭环。大、中、小企业，配件、生产、销售环环相扣，产值已经突破百亿。

同时，培育形成了“锂电池材料—锂电池电芯制造与组装—锂电池应用—锂电池回收—回收材料再利用”的绿色循环产业链，原材料及废弃物利用率大大提高，物料利用形成闭环，凸显了环境效益。

尤其是在废旧电池的处理环节，废旧锂电池回收处理技术采用物理法，实现电池各部分的分离和收集，自动化物理机器回收过程不用添加化学试剂，不仅电解液回收效率高，锂电池的极片材料也得到高效回收，具有绿色低碳、环保节能、便于产业化等特点。这一技术利用在碳中和中贡献了自己的一分力量，也助力园区形成全国具有强大竞争实力的锂电池产业集群。

2018 年，宁乡高新区着手创建绿色园区，并成功获批湖南省绿色园区，同时成功创建了一批绿色工厂。

2019 年，宁乡高新区启动了国家级生态示范园区的创建，编制了《宁乡高新技术产业园区国家生态工业示范园区建设规划（2020—2025 年）》，全方位规划生态文明在各个领域、行业的发展目标和发展途径。2022 年，又着手编制《宁乡高新区碳达峰碳中和实施路径专项报告》，进一步将园区生态文明建设推向更深、更高的层次。

项目决定质量，锚定优质高端抓产业

宁乡高新区在培育产业链、打造产业集群的过程中，突出优质化、高端化、绿色化目标，推动园区走出一条绿色发展与工业发展深度融合的道路。

园区已先后获批国家节能环保新材料高新技术产业化基地(节能环保新材料)、国家新型工业化产业示范基地（电池材料)、国家外贸转型升级基地（装备制造)、全国电池产业集群示范区、五星电池材料示范基地、湖南省储能材料特色产业园区、湖南省首批低碳试点示范园区。

（一）紧盯先进制造，培育具有核心竞争力的产业集群

1. 紧盯全省重点打造的工程机械世界级产业集群，建设国内一流工程机械配套产业园，总建筑面积 21 万平方米，建立大型轴承、高端液压件等关键零部件生产基地。

坐落于宁乡高新区的三一汽车起重机械有限公司

2. 围绕园区特色产业先进储能材料，抓电芯、强配套，集聚了比亚迪、宁德邦普等一批行业领军企业，构建了省内第一、国内领先的绿色储能产业链条，预计全年产值将突破 200 亿元，占到长沙市总产量的 1/3 以上。宁乡高新区作为长沙市先进储能材料产业链牵头园区的领先优势进一步巩固。

3. 出台促进医疗器械产业发展政策，省药监局批复园区作为湖南省药品上市许可持有人制度、医疗器械注册人制度试点区域，支持创建医疗器械创新服务站。医疗器械产业园一期项目获批 4 100 万元中央预算内投资（全省同类项目唯一）。

同时，实施企业倍增计划，全年 16 家企业实现产值倍增，35 家企业实现税收倍增，省级园区规模工业增加值总量位居长沙市第一。

（二）锚定创新创业，推动产业向优质化高端化迈进

1. 搭建创新平台。建设“一园一中心”，即湖南省大学科技产业园和湖南省知识产权（宁乡）综合服务中心，总建筑面积达到 60 万平方米，是全省规格最高、面积最大的省级双创基地。目前已与中科院、国防科技大学、中南大学等 20 余所高校院所达成战略合作意向，累计引进科技型企业近 100 个，吸引柴立元院士、邱冠周院士、桂卫华院士、周祖德院士、范景莲教授（长江学者）等省内高校院士专家到园区创新创业。

2. 培育创新主体。加快培育专精特新“小巨人”、单项冠军、高新技术企业等创新主体。新获批国家级专精特新“小巨人”4 家，省级专精特新“小巨人”7 家。新获批省级单项冠

湖南邦普循环科技有限公司技术中心大楼

军企业 3 家。航天天麓全汇测云平台获批工信部 2020 年企业上云典型案例。新获批高新技术企业 38 家，占规模企业比例达到 65%。

3. 提升创新能力。在提升创新能力、引进创新人才、推进智能制造等七个方面拿出真金白银，每年投入超过 1 亿元。近年来，获得国家、省级科学奖励 22 项。微纳坤宸荣获中国专利银奖（全省仅 2 家），并获批湖南省院士工作站。华翔增量成功开发出国内首个获得三类医疗器械许可证的多孔形椎体融合器，中谷科技获批省级企业技术中心。

2022 年，新型工业化产业示范基地（电池材料）被工信部评定为五星级，新获批商务部国家外贸转型升级基地（装备制造）和省科技厅省级众创空间（先导众创空间）。星邦智能入选工信部智能制造试点示范工厂，市级智能制造试点示范企业获批13家，排名省级园区第一；巴斯夫杉杉和长高成套获批工信部绿色工厂，星邦智能、万鑫精工、中材中锂获批省级绿色工厂。

（三）强化优质招商，提升产业集聚效应和环境节约效益

牢固树立“高质量项目为王”的理念，突出产业链招商，扎实推进高质量招商，集中抓大项目、好项目和优质项目。

2021年，新引进装备制造项目18个，投资60亿元的星邦智能高空作业平台产业城项目已经落地，投产后将实现产值过100亿元，有望成为长沙市第五家工程机械全球50强企业。引进先进储能材料及新材料项目14个，湖南邦盛年产20万吨磷酸铁锂项目，是长沙2022年引进的体量最大的投资过百亿、产值过百亿的制造业项目。引进宁波天益、善康医疗、锦瑞生物等医疗器械优质项目12个。

比亚迪动力电池、三一中起、三一“两室”、云轮科技入选湖南省“三高四新”引领性产业项目。园区成功承办长沙市奋力实施“三高四新”战略，奋力推动高质量发展项目开工活动。

宁乡高新区坚持立足实际，通过优化产业布局，强化优质招商，实现产业规模化、工艺先进化，有效提高了资源配置能力和利用效率，产业集聚效应、环境节约效益得到明显提升。

力度决定成效，坚守红线底线抓保护

宁乡高新区统筹环境保护与经济发展，严守生态保护红线、环境质量底线、资源利用上线，坚持项目引进与环境保护同步，工业发展与环保配套设施同步，以环境保护促进高质量发展。

加强环保基础设施建设。园区环保基础设施经历了从无到有、从小到大、从弱到强的过程。从2016年开始，园区企业如雨后春笋般进入高速发展阶段，因废水排放量逐年增加，集中污水处理设施建设势在必行。园区在财政不宽裕的情况下，筹集资金1.1亿元建设综合污水处理厂，并于2017年建成运行，之后又进行了提质改造，处理能力、排放标准大大提高。目前排水水质接近地表水准Ⅳ类，解决了水环境容量不足、质量不达标的问题。

同时，由于新增企业数量增长很快，出现了管网未同步的问题。按照园区“污水一滴不入外环境”的底线思维，园区全力推进管网完善，至今完成管网建设173千米（含主园区及夏铎铺工业园）。其中污水管道64千米、雨水管道109千米，做到了管网全覆盖、污水全收集。

提升环境监督管理水平。建设了污染源在线监控平台，对重点涉水企业、涉有机废气的企业安装实时污染源检测系统，并将数据实时上传到园区管理平台，管理人员随时掌握企业废水、废气排放情况。建设了重点涉气企业污染防治设施用

宁乡高新区工业污水处理厂及中水回用项目鸟瞰

电监控系统，杜绝了污染防治设施违规使用的情况。引进环保管家，聘请专家级环境管理人才为园区环境诊脉开方，对园区整体环境进行精细化、系统化的管理，通过对企业一对一的调查，制定了一企一策、一园一策方案，把问题量化、具体化，有针对性地加以解决。

全面推进节能减排。推广建设中水回用项目。宁乡高新区主导产业以储能材料、先进装备制造为主，工业废水排放量相对较小，园区采取抓大放小的办法，以点带面，集中对排放量较大的涉水企业建设中水回用项目，将主要企业的废水通过先进工艺处理以后，全部回用于生产，实现零排放。

同时，完善固废物循环化改造。一直以来，企业固体废物的收集、处置存在种类广泛、处置较为随意的情况。为改变这一状况，通过招商选资、鼓励民间资本参与，先后引进两家专业处置一般工业固废的企业，对利用价值较大的一般工业固废进行综合回收利用，既大大地降低了环境风险，又形成新的循

金锂邦普工业污水处理厂及中水回用系统

环利用产业链。

通过有序淘汰、支持补贴等方式，积极推广清洁能源，完成10家企业燃气锅炉低氮改造，逐步退出企业燃煤、燃油等重污染设施设备。截至目前，园区燃煤、燃油锅炉、炉窑已全部退出，全部改用燃气、电力等清洁能源。同时，园区还建设了三条新能源动力出行线路，配备了上百台新能源大巴车，推行绿色出行方式。

生态环境的改善，促进了经济上的腾飞。2015—2021年，宁乡高新区企业工业增加值从当初的不到30亿元，增加到170.47亿元。2021年实现规模以上工业总产值637.48亿元，同比增长17.5%，其中高新产值522.56亿元，同比增长21.28%。

宁乡高新区从园区定位、产业规划开始，致力于打造绿色循环产业体系，围绕绿色循环做规划，锚定优质高端抓产业，坚守红线底线抓保护，实现经济效益与环境效益的和谐统一，谱写了生态文明与工业发展深度融合的新篇章。

专家点评

绿色、循环、低碳发展，已是当前和今后的发展主流。知易行难，行胜于言。宁乡高新区的难能可贵在于，他们从建园初期规划“金洲锂电谷”开始，就致力于走全链条的产业路径，逐步建立起绿色循环产业体系，引导园区产业向优质高端迈进，实现经济效益与环境效益的和谐统一，走出一条绿色、循环的高质量发展道路。

让绿色成为高质量发展最亮底色

——娄底经济技术开发区多措并举打造绿色生态园区

我们应该追求绿色发展繁荣。绿色是大自然的底色。我一直讲，绿水青山就是金山银山，改善生态环境就是发展生产力。良好生态本身蕴含着无穷的经济价值，能够源源不断创造综合效益，实现经济社会可持续发展。

——习近平 2019 年 4 月 28 日在中国北京世界园艺博览会开幕式上的讲话

沐浴冬日暖阳，行走在娄底经济技术开发区（以下简称“娄底经开区”），顿感心旷神怡，园区内假山、绿树、花圃、流水交相辉映；高灯河、西阳河河水清澈，静静流淌；涟水河两岸，生态林宛如一条绿色丝带，紧紧拥抱着防洪大堤……

娄底经开区位于被称为湘中明珠的娄底市城北，2003 年启动建设，2012 年晋升为国家级经开区，2015 年迈入“千亿园区”行列，2016 年跻身全国国家级经开区“百强”。先后获评国家高技术产业基地、国家新型工业化产业示范基地、国家首批产业转型升级示范园区、湖南省汽车配套产业基地、湖南省最具产业影响力产业园区等数十项称号。

园区前期的粗放式发展，也带来了环境污染，影响了周边群众正常的生产生活。近年来，娄底经开区以创建国家级绿色园区为目标，加强环境治理，大力发展绿色循环经济，构建绿色发展体系，加快园区转型升级，为推动园区高质量发展注入了强大的动力和活力。

健全绿色发展机制

娄底经开区认真学习贯彻习近平生态文明思想，坚决扛起维护国家“生态安全”的政治责任，坚定践行“绿水青山就是金山银山”理念，成立绿色发展工作领导小组，把节能、降耗、减排、增效等绿色发展理念纳入园区工作重点。

以管委会主任为组长，以园区主要领导为副组长，建立和完善日常工作机制，定期召开会议对各部门的任务落实情况进行检查考核。针对高污染、高排放行业，建立有效的环保倒逼机制，先后实行“天蓝水净地绿”三年行动计划、水环境保护和治理三个“三年行动计划”、污染防治攻坚战三年行动计划等，要求重污染企业实施污染整治、清洁生产，并有效推进大气污染治理；通过制定产业发展的导向政策和导向目录，制定产业准入制度，提高项目土地、资源、环境等经济环境效益准入门槛，严格限制高能耗、高污染产业入园。

构建绿色发展体系

娄底经开区着力构建绿色发展体系，大力发展科技含量高、经济效益好、资源消耗低、环境污染少、产业与生态相融、人力资源优势得到充分发挥的新型工业，构建绿色低碳循环的现代产业体系，让工业高质量发展与绿水青山相得益彰。

引导绿色工厂建设。建立绿色工厂示范企业项目库，将在资源能源、清洁生产、资源综合利用等方面具有较好工作基础的企业纳入项目库，重点进行培育和扶持，按照国家和湖南省绿色制造体系创建计划，积极推进园区绿色工厂建设。

引导绿色产品开发设计。积极引导企业开展绿色设计产品评价，按照国家和湖南省绿色设计产品评价标准，进行产品生命周期评价，开发绿色产品和两型产品。

打造绿色供应链。不断完善产业集群的建设，以华菱安塞乐米塔尔汽车板有限公司、娄底市中兴液压件有限公司、湖南华菱涟钢特种新材料有限公司、湖南浙湘新材料科技有限公司等企业为龙头建立并完善智能制造供应链，带动供应链绿色发展。

创建绿色园区。高度重视园区绿色化建设，成立绿色发展工作领导小组专门负责绿色园区创建工作，不断提高绿色管理水平。制定园区绿色规划和奖励政策，将园区绿色发展理念纳入《娄底经济技术开发区“十四五”工业发展规划》重点工作当中。

提供绿色服务。积极引进并为园区相关企业推荐在节能减排、资源综合利用、清洁生产、绿色制造和绿色金融领域成绩出色的第三方服务机构，为企业和园区提供优质的绿色发展咨询服务。

建立绿色制造服务平台。绿色制造服务平台是绿色制造体系的支撑，园区积极建立环境监控、大数据、智慧安防、监控等一站式服务平台，逐步完善智慧园区建设。

华菱安塞乐米塔尔汽车板有限公司

实施减污节能行动

工业企业是减污节能的主力军。娄底经开区督促企业不断提升绿色产能，着力推动节能降耗，以绿色生产推动产业升级，促进企业沿着“用地集约化、生产洁净化、废物资源化、能源低碳化”的方向发展。

严格环境准入，优化产业布局。严格按照国家产业政策、园区规划环评和“三线一单”管控要求实施项目准入管理，把好企业入园的环境准入关，杜绝乱批乱进现象发生。

分区分块，集中治理。着力推进特色园区建设，实现产业分区分块集中布置，为废水、废气、固废等污染物排放集中收集处理创造良好条件，极大降低企业的环保治理成本，有效减轻园区及生态环境部门监管压力。

清洁能源、可再生能源的替代和改造。鼓励有条件的企业实施热电联产项目，充分利用低品位的热能，将燃料燃烧温度的利用空间进一步扩大，有效实现“分配得当，各得其所，温度对口，梯级利用”，对余热余压进行综合利用。依托屋顶分布式光伏电站等光伏并网发电项目、分布式光伏发电站、天然气分布式能源站等项目的实施，推广现有大型电力系统的能量供应模式，改善园区传统用能模式，实现因地制宜利用可再生能源等，实现能源供应的多样性。

副产物和废弃资源能源的回收利用。依托园区环保建材生产企业，对园区工业废渣进行回收利用，减少工业固废的产生，降低处理费用，节省原材料投入。对无法处理的固体废弃物通过水泥、墙体材料等建材产品进行消纳；少量无法利用的固体废弃物，进行安全填埋和固化处理，实现固体废弃物的无害化处理。

打好蓝天碧水净土保卫战

娄底经开区按照中央和省委、市委的统一部署，深入打好蓝天碧水净土保卫战，确保园区生态环境质量持续改善。

强化工地、道路扬尘源污染治理，做到文明施工、经常冲洗，严格查处渣土运输车辆抛洒滴漏、带泥行驶等行为。抓好移动源污染整治，狠抓柴油货车污染治理，加快推进机动车新能源化发展，提升公共交通服务水平，积极引导绿色低碳出行。

打好臭氧污染防治攻坚战，开展挥发性有机物污染治理达标行动和氮氧化物污染治理提升行动，对工业涂装等重点行业实施源头替代。全力管控面源污染，加强城市建成区餐饮油烟监管，大力推进秸秆综合利用，严厉打击露天焚烧秸秆等违法行为。

压紧压实工作职责，加强宣传引导，平稳有序推进烟花爆竹全域禁燃禁放工作，推动大气环境质量持续稳定提升。

加强水资源、水生态、水环境“三水统筹”，开展“清河、护岸、净水、保水”四项行动，加强生态共建环境共保，完善河湖防治措施，提升治理保护水平，夯实绿色发展本底。

坚持问题导向和结果导向，持续加强源头截污和雨污分流工作，做到应收尽收、应分尽分，确保清水入河入湖。完善河（湖）长制工作机制及管理制度，严格落实定期巡查工作、建立问题清单，着力提升河道巡查督促质效。

采取源头防控、风险管控、修复治理、试点示范、执法监管等手段，不断深化土壤污染防治和农村生态环境保护。通过强化土壤污染源头预防，深化重点行业整治，严防新增污染，遏制土壤污染加重。

强化土壤环境空间管制，强化农用地分类管控，加强企业责任管理，守住安全底线，保持土壤环境质量基本稳定。强化土地开发利用关键环节的环境准入把关，强化污染地块环境管理，有序推进重点行业企业退役场地治理修复工程，切实解决存在的突出问题，逐步削减污染存量。

以农村生活污水垃圾治理、化肥农药减量增效、农膜回收利用、畜禽养殖污染防治为重点领域，强化源头减量、资源利用、减污降碳和生态修复，持续推进农村人居环境整治和农业面源污染防治。

在严格环境准入管理的基础上，加强废水收集处理、废气治理与管理、固废处置等基础设施建设，园区企业废水处理率达到 100%，危险废物均得到妥善处理处置。目前，园区已建成涉重金属工业废水预处理厂 1 处，处理规模 800 立方米/天；拥有微型环境空气监测站 6 座、环境空气自动监测站 1 座，实现对园区环境空气的全面监控。

绿色成为最亮底色

通过系列举措，娄底经开区能源、水、土地等资源利用效率大幅提升，二氧化碳、废水以及固体废物产生量大幅降低，大气污染物排放控制水平明显提升，生态环境得到明显改善，绿色成为园区发展最亮底色。

促进了能源高效清洁利用。大力支持企业建设光伏、光热、地源热泵和智能微电网，可采用风能、生物质能等发电。2022 年，园区拟建联强物资 3MW 分布式光伏项目、光华机械设备制造有限公司 2.5MW 分布式屋顶光伏电站等 10 余个光伏项目，项目总投资额超过 1.3 亿元。项目建成后，可大大提高园区可再生能源使用比例。

推进了资源节约集约循环利用。引导企业加强工业固体废物源头减量和综合利用，充分回收利用余热资源、废气资源和可再生资源，推进水资源循环利用，提高工业用水重复利用和中水回用。据统计，2022 年园区利用余热余压达到 10 824 357 GJ，工业用水重复利用率达到 92.17%，工业固体废物综合利用率超过 95%，资源节约集约循环利用水平进一步提高。

推动了产业结构优化升级。推进高碳产业绿色低碳转型，重点发展高新技术产业、节能环保和新能源等绿色产业。形成以钢铁新材产业、工程机械及汽车零配件产业和新能源新材料产业为主，其他产业为辅的产业结构，初步构建了体现园区特色且科技含量高、资源消耗低、环境污染小的绿色产业体系。

2022年，园区高新技术企业达到87家，高新技术产业产值达到977.79亿元，高新技术产业产值进一步提升。

打造了绿色低碳生态环境。大力开展低碳产业园区创建，推动园区绿色发展，严格执行“三线一单”管控要求，推进环保基础设施一体化建设，较真碰硬开展园区达标排放问题整治。鼓励企业采取低碳技术、环保技术措施，降低污染物排放强度和产废强度，重点企业全面推行清洁生产。目前，园区重点企业均已开展强制性清洁生产审核。

湖南三泰新材料股份有限公司

未来，园区将持续加强经济、生态建设，重视生态环境保护工作，打造一流营商环境，大力推进绿色园区创建，真正把园区建设成为“全国有影响、全省有地位、全市是引领”的国家级开发区，建成为具有现代工业文明特色的生态幸福新城。

专家点评

产业园区是经济建设的主战场，绿色低碳是产业园区高质量发展的必然要求和可靠保证。娄底经开区牢固树立绿色发展理念，通过健全绿色发展机制、构建绿色发展体系、开展节能减排行动、加强污染治理等举措，对产业园区绿色发展进行了有益探索，让绿色成为园区高质量发展的最亮底色，其成效可喜可贺，其经验弥足珍贵。

好景在“望”

——望城经济技术开发区坚持生态立园实现高质量发展

统筹产业结构调整、污染治理、生态保护、应对气候变化，协同推进降碳、减污、扩绿、增长，推进生态优先、节约集约、绿色低碳发展。

——习近平 2022 年 10 月 16 日在中国共产党第二十次全国代表大会上的报告

一江两岸比翼齐飞，“一园三区”协同并进。新蓝图下，望城经济技术开发区（以下简称“望城经开区”）成为长沙打造国家智能制造中心的主战场。

从坚持生态优先到绿色智造转型发展，望城经开区拥抱“双碳时代”，跑出“望城速度”，锻造“望城担当”，园区从小到大，从大到强，已然是众多产业园中令人瞩目的一棵参天大树。

绿树成荫、环境优美的望城经开区

园区已入驻企业 7 300 余家，其中规模以上企业 389 家，境内外上市公司、世界 500 强企业 70 家，发展速度稳居长沙全市前列。智能终端、新材料先进制造、食品医药三大千亿级产业竞相发展。

园区连续两年获评“全省产业高质量发展园区”，连续六年荣获全省节约集约用地先进单位一等奖。2019 年，荣获“国家绿色园区”称号，2022 年，被省生态环境厅评为湖南省“环保诚信园区”，2023 年，清洁生产审核创新试点项目成功入选第二批清洁生产审核创新试点名单，系湖南省首个入围国家创新试点项目。

坚持生态立园，高起点规划园区建设

水美景美，波光潋滟，水在城中，城在绿中。这样的风景很难跟一个经济开发区联系在一起。但在国家级望城经济技术开发区，这一切均真实存在。

这里，除了集聚高端产业，还有酒店、旅游、农业园区等坐落于此。将产业与好山好水有机融合，让“绿水青山”真正转化成“金山银山”的梦想照进现实。

成立于 2000 年的望城经开区，把生态、两型作为园区立身之本。2014 年 9 月就制定了长沙市第一个《生态线控制规划》，按“不挖山、不填水、不毁洲、不砍树、不损绿”的建设理念，凡坡度 25 米以上的小山坡，全部划上红色保护线。核心规划区内，生态占地达 1/4，生态、湿地公园多达 20 余个。还制定水廊、风廊、交通廊、动植物迁徙通道，野山羊、麂、兔的廊道宽达 300 米。

2014 年，望城经开区升级为国家级园区，跨入一个更高层次的发展平台。园区规划控制面积约 85.34 平方千米，全境纳入国家级湘江新区、环洞庭湖生态经济圈、长株潭“两型社会”综合配套改革试验区和国家自主创新示范区四大国家发展战略范畴，列为国家和省、市、区重点建设区域。

现代化企业林立的望城经开区充满活力

2019年，望城经开区结合实际划定了拓展边界。拓展边界划定初步成果已经省园区办和省自然资源厅审核通过。拓展边界划定的主要特点体现了生态优先的理念，对乌山森林公园、马桥河、八曲河等生态资源进行了严格保护。

望城经开区深入贯彻落实长江经济带“不搞大开发、共抓大保护”的战略决策，推进园区“生态保护红线、环境质量底线、资源利用上线和生态环境准入清单”（“三线一单”）落地，实施生态环境分区管控，促进了生态环境高水平保护和经济社会高质量发展。

2020年11月，望城经开区为“十四五”发展重新定位：

建设以先进制造为主导的产业高速发展、开放创新活力无限、生态秀美宜业宜居的新园区。总体规划定位是：先进制造集聚区、科技创新引领区、改革开放示范区和产城融合新城区。

如今，碳达峰、碳中和正在加速推进我国经济社会系统性变革，绿色低碳发展早已成为产业园区的必选项。无论是“生态秀美宜业宜居”，还是“绿色低碳发展”，都对望城经开区的发展走向提出硬要求和高标准，并引领园区继续前行。

围绕绿色低碳循环，推动产业集群积聚发展

历经 20 年建设和发展，望城经开区形成了智能终端、新材料先进制造、食品医药三大主导产业集群。先后获批为国家级火炬特色产业基地、国家级“双创”特色载体、国家知识产权示范园区、国家新型工业化产业示范基地等。2022 年，望城经开区新型合金材料产业集群被确定为湖南省先进制造业集群培育对象。

2022 年，园区实现企业总收入 1394 亿元，同比增长 8.4%；规模工业产值 805 亿元，同比增长 7.8%；实现税收收入 72.72 亿元，同比增长 16.1%；高新技术企业 233 家，省级以上“专精特新”小巨人企业 71 家，形成了大中小企业融合发展的良好生态。

以龙头为引领，提升产业集群实力。聚焦“两主一特”产业链，实施龙头企业产能效益倍增计划、小微企业“伙伴提

升计划”，食品医药、新材料产业集群加快向500亿级迈进，推动智能终端稳步迈向千亿级。以中信戴卡、晟通科技为龙头的新材料先进制造产业集群，聚集了规模以上企业114家，产值已达304亿元。

以平台为支撑，提升产业孵化能力。以“平台＋孵化＋产业”为抓手，发挥政策带动、资本联动、人才促动、机构互动作用，增强大中小企业融合发展的平台支撑力。园区新材料产业创新能力方面位居湖南新材料产业第一，品牌建设方面处于全国前列。形成了新型合金材料、先进储能材料两大优势产业链，成为全省最强的有色金属新材料高新技术产业基地。

以创新为驱动，激发专精特新潜力。瞄准专精特新，实施核心技术“强能”、成果转化“释能”行动，聚焦关键技术，实行重点攻关项目“揭榜挂帅”。出台企业创新发展三年行动计划，实施创新工程师培育和创新中心“清零行动”，推进中小企业发明专利、研发平台“破零倍增”。实施上市梯队培育计划，支持联智科技、贝迪电子实现科创板上市。

在产业培育和发展中，望城经开区坚持绿色低碳发展理念，推进空间、产业和生态规划的协调统一，以资源、环境的绿色化推进制造业的绿色转型。

园区以创建国家级绿色园区为契机，打造了一批绿色设计、绿色产品、绿色供应链、绿色工厂典型，激活企业绿色细胞。湘江涂料、中粮可口可乐、澳优乳业、天卓塑胶、湘江关西涂料等多家企业入选工信部绿色制造名单。金龙集团、金旅环保等多家企业将绿色循环理念和技术融入企业发展，用于企业生产过程。

中信戴卡采用阶梯式能源回收工艺，余热综合回收利用率达70%以上

园区中信戴卡南方智造基地是世界铝轮毂生产行业自动化程度最高、智能化技术最新的项目之一。公司采用清洁能源材料，以水电铝替代火电铝，可减少75%的CO_2排放量。采用阶梯式能源回收利用工艺，实现高、中、低多温阶，气、液、固多形态的余热综合回收利用，利用率达70%以上。目前，通过余热回收利用，每年节约标煤2万吨、天然气1 040万立方米，减少CO_2排放7.5万吨。

园区乳制品板块已聚集澳优乳业、光明乳业、新希望南山、合生元及配套企业20余家，聚集了全省85%以上的乳制品产能。澳优乳业成为望城本土培育的第一家上市公司，已成为国内婴幼儿配方奶粉的领军企业之一，其产品远销海内外。

澳优乳业成为望城本土培育的第一家上市公司

铜官片区医药原辅料产业，已有华纳制药、九典宏阳、吴赣药业、华腾医药、松源医药等企业陆续投产，发展后劲十足。其中产值过50亿元企业1家、过10亿元20家。

作为环境友好型的绿色工厂，世界500强中粮可口可乐，已成为长沙地区最大的可乐生产基地。公司注重绿色清洁能源使用和资源循环再利用，其雨水回收系统以及其他资源再利用系统，均达到国际认证体系能源与环境设计先锋奖铂金级标准。

以比亚迪为龙头的智能终端产业集群，将打造千亿级产业集群

以比亚迪为行业龙头的智能终端产业集群，通过信息化、智能化等智慧云平台，打造了智能终端产业园，承接华为 1.5 亿台智能终端产能，有望打造千亿级产业集群。现已聚集产业链上下游关键企业共 72 家，包括华为核心供应商 4 家，上市公司、行业龙头 2 家，成为湖南智能终端产业集群的新名片。

“园区必须贯彻新发展理念，坚持生态优先、绿色低碳发展，才能走出一条高质量发展之路。”望城经开区党工委主要负责人对上述产业的发展如数家珍，并深有感触地谈了自己的体会。

立足高质量发展，推动生态环境高水平保护

“十三五”以来，望城经开区围绕“一园三区”区域发展新布局，以改善生态环境质量为核心，以创建绿色园区为路径，构建生态保护和绿色发展空间格局，立足高质量发展推动生态环境高水平保护，良好的生态环保格局已初步形成。

生态环境质量明显改善。2021 年，园区环境空气质量优良率达到 89.0%，PM 2.5 累计均值浓度 35 微克/米^3，PM10 累计均值浓度 53 微克/米^3，O_3 累计均值浓度 134 微克/米^3。马桥河水质逐年改善，主要污染物浓度逐年降低。噪声环境状况总体保持稳定，土壤环境状况保持良好，工业企业按要求开展污染调查。近 5 年未发生重大环境污染事故，未造成重大不良社会影响。

污染防治攻坚战取得新成效。2018 年，制定发布《望城经济技术开发区“强力推进环境大治理，坚决打赢蓝天保卫战”三年行动计划（2018—2020 年）》实施方案，全方位强化大气环境质量管控，全流域强化马桥河治理，全地域强化土壤污染治理，全流程强化固体废物无害化处置。制定实施空气质量精细化管控、扬尘治理专项行动工作方案，完成马桥河流域清淤综合治理和北片区雨污分流提质改造。

已完成流域综合治理的马桥河成为环境优美的生态河

扎实抓好生态环境问题整改。园区把突出生态环境问题整改作为一项重大政治任务和民生工程来抓，坚持问题导向，紧紧咬住目标，根据中央生态环境保护督察及“回头看”、长江经济带生态环境警示片和全国人大执法检查等所指出问题，进行有针对性的整改。妥善处置原优美科富虹锌业场地土壤污染问题，推进铜官污水处理厂升级改造，出水稳定达到一级 A 类排放标准。

成功创建国家绿色园区。“十三五”以来，园区持续推进产业生态化、生态产业化，以创建国家绿色园区为抓手，深入实施绿色制造工程，构建高效、清洁、低碳、循环的绿色制造体系，铜官工业园获批湖南省第一批化工园区，湘江涂料等企业获批绿色工厂，澳优乳业获批绿色供应链管理企业，金龙铜业是国内再生资源循环经济的龙头企业。园区万元 GDP 综合能耗较“十二五”大幅下降，绿色低碳循环经济体系初步建立。

2019 年荣获工信部授予的“国家绿色园区”称号

2018 年以来，园区探索“环保管家”模式，积极开展环境污染第三方治理，建成智慧环保监管平台，将园区环境质量监测数据、重点污染源在线监控数据、重点排污单位自行监测数据、排污单位“智慧电力”数据进行集成整合，各项工作走在全省前列。

面向未来，望城经开区将认真贯彻党的二十大精神，坚持生态优先，加快发展方式绿色转型，建设以先进制造为主导的产业高速发展、开放创新活力无限、生态秀美宜业宜居的新园区。

专家点评

产业园区是经济发展的主阵地，也是生态文明建设的先行区。作为长沙最年轻的国家级经开区，望城经济技术开发区用实际行动践行习近平生态文明思想，坚持以生态优先推动高质量发展，立足高质量发展推动生态环境的高水平保护，不仅园区生态环境美，而且产业质量高，园区发展充满了生机和活力。

实施全面节约战略，加快发展方式绿色转型，发展绿色低碳产业，是大势所趋，不可逆转。产业园区是绿色低碳生产方式的主阵地，必须下先手棋，算好环保账，才能赢得主动，赢得未来！

从乱到治的产业园区绿色发展之路

——湘西高新技术产业开发区强化生态环境治理引领绿色低碳发展

减排不是减生产力，也不是不排放，而是要走生态优先、绿色低碳发展道路，在经济发展中促进绿色转型、在绿色转型中实现更大发展。

——习近平 2022 年 1 月 14 日在十九届中央政治局第三十六次集体学习会上的讲话

山河长清，天朗气正。

从主干道望去，青山绿木交错，标着“现代物流”“智能制造”的建筑鳞次栉比，“创新”“奋进”等字眼在护坡上若隐若现，这是湘西高新区西区产业园，“绿”和“生”两种盎然的底色，让这个绿色产业汇集区特征格外明显。远处，厂房耸峙，高楼林立，聚集电子信息产业的创新创业园，主打新能源材料的北区厂房，象征现代经济文明的金融大厦……一股昂然的蓬勃的气息弥漫在这些分布有序的版图中。

谁能想到，十几年前，这里是临近市区，却与经济文明无关的荒坡村落，是无资源禀赋、无地势可凭依的不毛之地。现如今，这片面积仅 7.12 平方千米、人口不足 5 万的土地上，产业兴盛，活力十足，发展和保护交织，生态与经济共生，经济体量位居湘西第一方阵，生态环境良好，在州内名列前茅，已成为湘西州经济发展的桥头堡，生态和谐的宜居区。

这些年来，湘西高新技术产业开发区（以下简称“湘西高新区”）贯彻落实习近平生态文明思想，秉承“人与自然和谐共生”发展理念，勇于创新，砥砺奋进，园区环境从“乱”到“治”，再由“治”变“美”，探索出一条经济高质量发展与生态环境高水平保护的新路径。

野蛮生长，园区环境呈乱象

湘西高新区成立之初，这里还是荒坡野岭、人烟稀少，也是生态环境保护的“贫瘠之地”。

在经济为王的年代，园区的重心是发展产业，环保部门地位尴尬，偌大的园区二三十个部门只有不到 50 名干部，环保部门能有 3 人编制已殊为不易，环境治理工作举步维艰。

“那时候园区刚开始发展，到处在开工搞建设，我记得噪声扰民是当时我们投诉最多的。”一个本地居民回忆，“那段时间虽然不长，但对我们居住日常生活带来了很大的不适感。”看得出来，群众对当时的情况记忆犹新。而在当时，因为太多的项目先后上马，建设项目施工期环境污染问题已不可避免，扬尘、施工废水、夜晚施工噪声、工地固体废弃物等，对环境造成较大的影响，也确实影响到了居民生活质量。

后来，湘西工业园更名为湘西经济开发区，从单一工业园区转变为综合性产城融合的经济开发区，需要对之前园区的选址、工业布局以及污染物的处理和资源循环利用的调查论证进行调整，园区环境综合评价也有待优化，部分小作坊、小加工厂来不及完全搬迁，仍坐落在规划后的生活区，曾经荒凉的水泥厂、打砂场附近开始有了人烟，工业集中区的企业附近开始有了商业和小区，众多环境隐患已经逐步显现。

水环境也不容乐观，此时的园区污水管网还未实现全覆盖，部分工厂的自有的污水处理设施或措施极不完善，暴雨时节，常有污水冲入河道，对周围的环境以及居民的生活带来巨大的影响。乱象横生、污水横流，像刻在这个新兴园区的一道道丑陋的疤痕。

“群众举报和投诉很多，我们只能尽力安抚，对没有触碰生态环境底线的项目，尽量以协调为主，指导企业制定整改方案，对群众做好解释工作，当然，对严重污染环境的决不姑息；但是对偶尔的施工噪声、施工扬尘，确实没有太多的人力物力去彻底解决。”一个园区干部的感言里这样写道。无法完全根除的生态环境“欠账”，或许就是高速发展带来的阵痛吧。

2016 年建设中的湘西文化园

2016 年建设中的湾溪沿河风光带

综合治理，园区旧貌变新颜

奉法者强则国强，奉法者弱则国弱。过去我国生态环境保护中存在的突出问题大多同体制不健全、制度不严格、法治不严密、执行不到位、惩处不得力等有关。

湘西高新区在大扩容大发展的建设过程中，认识到要可持续发展，必须守好发展和生态两条底线，坚持质量引领、转型升级、低碳发展，推动经开区社会经济发展迈上新台阶。

加强污染防治。瞄准三年行动计划目标，对园区所有建筑工地场地严格执行建筑工地“六个100%”要求，规范整改具体问题200多个，约谈施工企业负责人63人次，下发停止

2022年治理后的高新区湾溪河道

施工通知书 18 份；同时加强对园区采石打沙场的整治工作，通过整顿停业、违法处罚、开办矿山整治培训班等方式方法，区内露天矿山面貌焕然一新；对区内建筑工地噪音、烟花爆竹等从严管控，严格实行工地夜间施工审批备案制，严禁城区燃放烟花爆竹，极大减少噪声污染的发生；并将区内河道纳入市政防洪工程，并配套修建了污水管网。同时，加强河道环境卫生治理，对河道实行定人定责定岗清理；出台相关文件，严禁河道养殖等行为。开展环境卫生综合治理，清除卫生死角，整治扬尘污染，经开区空气质量明显提升。

在人民密切关注的问题上，湘西高新区完善舆情应对机制，积极解决对群众身体健康造成危害、人民群众反映强烈的历史遗留问题等生态环境问题，实行领导包案制，细化责任分工，加强督查督办，及时抓好落实；对群众提出的诉求、建议特别是不具备现场解决条件的问题，确定解决时限，限期完成整治、调解、处理和答复工作。近四年累计接到信访和举报投诉案件 200 余起，信访受理率达 100%，案件办结率为 100%，解决了群众反映强烈的一批环境信访问题。

完善基础设施。为提升居民的幸福感、获得感，相继建成总长 15 千米的湾溪河、万溶江沿河风光带、民族文化园、生态公园，兴建景观坝、景观桥等；开展基础设施提质改造，打造美丽社区，社区面貌焕然一新；不断完善市政设施建设，功能配套不断完善；实现了湾溪河、万溶江排污管全贯通，水质得到显著改善。

2022 年湾溪沿河风光带

为完善城市配套设施，投资 1.8 亿元，对长潭路、丰达路、工业大道老营盘段等道路进行提质改造，完善停车场、公交站台、公厕等公共设施。同时，完成 220 千伏电力杆线迁改项目 4 条线路的复电；投资 560 多万元，购置各种环卫保洁车辆 12 台，新建（扩建）垃圾处理中转站 1 座，进一步提高了垃圾的处理能力；新建（改建）公共厕所 15 座，解决了群众公共场所上厕难的问题。

打造生态景观。为了打造最美生态公路，对 5 千米长的工业大道进行全面升级改造，修复破损路面，更换破损地面砖，清理占道经营和乱堆砂石等建筑材料，优化道路两侧绿化美化亮化景观。为了建设最美城中村，对牯牛坪社区长潭组进行全面整治，疏通下水管道，硬化路面，对有碍观瞻、私搭乱建、违法占地的房屋棚舍等临建、违建及乱贴、乱挂、乱摆的广告和牌匾进行全面清理或拆除，规范居民房前屋后杂物乱堆，高标准实施绿化美化亮化工程，修建停车场和居民活动场所，牯牛坪社区变成一道美丽的风景。

绿化美化环境。实施系列生态绿化工程，先后完成武陵山大道绿化提质改造、区内高速公路绿化景观、万溶江、湾溪沿河风光带一期工程，启动了吉凤山生态公园和州级植物园建设，加速推进沿河风光带二期工程和景观坝建设，在全区范围内开展植树造林、区花（紫薇花）种植和树木志愿认养等活动，积极开展美丽社区示范点建设。目前，湘西高新区核心区域森林面积为 716.9 公顷，林木绿化率达 45.46%，绿化覆盖面积为 1 244.4 公顷，绿化覆盖率达 63.12%，人均绿地面积达 72.22 平方米。

为亮化城市夜景。投入资金 1.2 亿元，对区内主次干道、办公楼宇、企业单位庭院、桥梁、沿河风光带等进行了全面亮化改造，经开区夜景流光溢彩、璀璨夺目……

2018 年，湘西高新区在上级组织的建设美丽湘西同建同治月考核排名中，7 次被评为一类单位；在 2019 年全州经济工作大会上，湘西高新区被授予“建设美丽湘西”工作先进单位称号。走进 2022 年的湘西高新区，你会发现道路宽敞，高楼林立，水清草绿，环境优美，群众安居乐业。园区积习一扫而空，补完了生态环境欠账，生态环境现代化治理理念初露峥嵘，渐已成形。

2022 年鸟瞰湘西文化园

产业升级，绿色发展蕴活力

《礼记》有言："民之所好好之，民之所恶恶之。"习近平总书记说过："环境就是民生，青山就是美丽，蓝天也是幸福。发展经济是为了民生，保护生态环境同样也是为了民生。"生态环境的保护与治理要与人民群众的福祉紧密相连，百姓满意、群众舒适的环境才是好环境。

湘西土家族苗族自治州州委、州政府始终坚持"园区兴则产业兴、园区强则经济强"发展理念，赋予湘西高新区全州改革创新"试验田"、对外开放"桥头堡"、经济发展"增长极"、营商环境"样板区"的重要时代使命，进一步强化其在全州中

2022 年夜幕中的湘西高新区

的重要地位。湘西高新区按照“产城融合”的发展路径，围绕大健康、新材料、电子信息等产业建链、补链、延链、强链，大力发展现代服务业，特别是生产性服务业，实现了二、三产业齐头并进。经济脉动，成为湘西高新区的符号。

湘西高新区强调生态环境工作要服务优先，源头指导，提前介入重大项目建设，重点强化污染源头治理，进一步理顺生态环境日常监管体制机制，提升园区生态管理能力。仅 2021 年，园区创建 1 个省级环境教育宣传基地（华润雪花啤酒），审批指导建设项目 15 个，通过建立和完善 58 家企业管理档案，引导企业规范运行环保设施与治理措施，根据相关政策和名录豁免 17 家企业环评手续，降低企业发展成本，为企业减负。得益于积极的主动服务氛围和良好的现代化治理水平，这些年来，湘西高新区做到了无一起重大污染事件发生，无一例生态环境负面清单企业，促进许多企业在这里起步，也助力许多梦想在这里实现。“链式发展、科学布局”的产业格局在园区悄然成型。

华润雪花啤酒（中国）有限公司湘西分公司 2016 年 5 月正式投产，总投资 3.6 亿元，是一家集生产、旅游、以雪花啤酒文化展示于一体的现代化花园式工厂。工厂采用国内处于领先水平的 MES 及酿造自控系统、燃气锅炉、RES 等节能减排新技术新装备。多年来，该公司在提升经济效益的同时，更积极参与低碳减排和社会公益活动，实现了经济效益与生态效益、社会效益相统一。

华润雪花啤酒湘西工厂自 2015—2022 年 6 年来的变化

2022 年 10 月 11 日，位于湘西高新区的三湘印务有限责任公司生产车间内，工人们正马不停蹄赶制订单。这家集设计、生产、销售、服务于一体的专业化、规模化食品类包装制品企业，以优质的工艺和完善的服务，通过订单竞争配额，获得了酒鬼酒公司稳定的包装印刷业务份额，业务渠道稳定，给员工吃下了定心丸。该企业也因此成为处于湘西土家族苗族自治州十条优势产业链之首的白酒产业链中的核心企业之一，并积极投入园区酒类包装智能制造生产项目落地建设之中。

同样位于湘西高新区的丰达合金科技有限公司，是“氮化锰”的全球最大供应商。很难想象，武陵山深处，诞生了一家在锰基合金材料领域处于全球领军地位的高精尖企业。走进丰达合金，专利证书和科技成果证书摆满了两个展台，各类专利有 40 余项。这家公司是湖南省“专精特新”小巨人企业，所生产的锰基合金不仅供应国内宝钢、华菱钢铁等企业，还远销俄罗斯、美国、日本、欧盟等 30 多个国家和地区。

在大健康方面，湘西高新区利用本土生物资源及民间民族

朝气蓬勃和踔厉奋发的湘西高新区

医药资源，打造形成以传统土家药、苗药诊疗技法和方药资源为支撑，宏成制药、湘泉药业等企业为骨干的民族医药产业链。在电子信息方面，湘西高新区通过数年努力，打造形成以厚膜技术为关键核心，以爱特嘉、瑞森特等企业为骨干的智能小家电产业链，以智能照明技术为支撑的智慧光电产业链，以半导体技术为支撑的智能终端产业链三个比较优势明显的特色产业链。

十多年的砥砺奋进，湘西高新区抓住建设“湘西湘南承接产业转移示范区”的政策机遇，充分依托湘西土家族苗族自治州丰富的矿产资源禀赋优势和矿业产业基础，按照“高端化、绿色化、循环化”发展导向，加快了矿业转型升级，推动新材料产业从粗到精、从基础材料到关键战略材料升级改造；打造形成了以丰达合金、众鑫科技、星际动力、和益生物等企业为骨干，以锰锌钒及其合金材料、铝及其合金材料、先进储能材料、天然高分子材料等为细分领域的新材料产业，关键材料领域新增长动能不断增强。各项经济指标领跑全州，湘西高新区实现了从州域经济增长点到增长极、从增速领先到总量靠前、从量变到质变的历史性飞跃，已成为湘西土家族苗族自治州承接产业转移的主阵地、实施科技创新的主战场和推动高质量发展的主引擎。

当前，湘西高新区在全省园区生态环境工作排名靠前，由其自主编写的“三线一单”工作应用成果被生态环境部列为全国第一批示范案例并加以推广；耗资 500 万元的西区隧道水体净化工程投建并运行，投资近 400 万元，建成环境空气小微站和空气质量自动监测站，覆盖地空的监测体系正在逐步建立，园区环境基础设施从弱到强；历年中央、省环保交办问题逐步清零，督察交办问题从有到无；多项工作创建进入州、省先进行列，环境创建成果全面开花；园区环境指标均维持高质量运行，“州府新城”愈发水秀山清；企业布局合理，规划分区得当，一幅产业繁荣、绿色和谐的生态画卷正在湘西高新区徐徐展开。

十八载栉风沐雨，三代人砥砺前行。生态环境保护是中华民族永续发展的根本大计，“人与自然和谐共生”也是生态环境现代化治理始终遵循的理念，生态环境工作依然任重道远。湘西高新区将继续以习近平生态文明思想为指导，攻坚克难，久久为功，鼓励绿色产业集群发展，补全园区产业拼图，增强经济活力，激活创新动力，奋进新征程，勇创新格局，探索一条高质量经济发展与生态驱动协同的绿色崛起之路！为经济发展注入鲜明的生态环境“底色”。

专家点评

湘西高新区以习近平生态文明思想为指导，深入贯彻落实绿色发展和协调发展理念；以国土空间规划为引导，以环评准入为抓手，以完善基础设施建设为重点，加强园区生态环境治理。区园环境从“乱”到“治”，再由“治”变“好”，探索出一条经济高质量发展与生态环境高水平保护齐头并进的新路径，确保青山常在、绿水长流、空气常新，为我国生态资源富集的山区高新区生态环境现代化治理提供了新的方向！

绿色制造引领
“小”园区实现大发展

——长沙雨花经济技术开发区打造绿色工业园区纪实

要坚定不移走绿色低碳循环发展之路，构建绿色产业体系和空间格局，引导形成绿色生产方式和生活方式，促进人与自然和谐共生。

——习近平 2015 年 12 月 18 日在中央经济工作会议上的讲话

四面青山环古寺，一轮明月映清泉。千年古刹清泉寺的晨钟暮鼓，回荡苍穹。星城长沙唯一的内城河——圭塘河婉转绕堤，蝶舞纷飞。长沙雨花经济开发区（以下简称“长沙雨花经开区”）坐落于此。

国家绿色工业园区——长沙雨花经开区

它位于长沙东南部、长株潭三市融城“核心区”，与长株潭城市群绿心地带相依，与天际岭国际森林公园绿肺地带相靠。

它创建于2002年，总规划面积23.07平方千米，是湖南省级园区中面积最小的开发区之一，也是长沙市“五区九园”中最年轻的园区。

就是这个最小、最年轻的园区，却走出了一条与众不同的绿色发展之路。2020年，由工业和信息化部认定为“国家绿色工业园区”，是湖南省级园区建设用地集约节约利用水平最高的园区之一。

在藏龙卧虎的省会长沙，雨花经开区用在全市省级园区中占比7.7%的规划用地面积，贡献了近30%的工业总产值！

2022年全年完成规模工业总产值752亿元，增长49%；高新技术企业总数达206家，数量与增量稳居长沙市省级园区第一。

但是，曾经的雨花经开区，也经历过挫折，经历过阵痛，经历过转型，才走出一条绿色、低碳、环保的产业发展之路。

在困境中找准定位，致力于打造绿色工业园区

园区负责人告诉我们，雨花经开区建园之初，有一个响亮的名字——湖南环保科技产业园。以环保产业和工程机械为园区建设主导产业。

可是，理想很丰满，现实很骨感。由于起步晚，竞争力弱，招商引资很难有选择余地。加上竞争的压力、发展的压力，在项目引进上，“捡到篮子都是菜”。引进的一些企业，技术含量不高、产能过剩、业态落后，难以形成有核心竞争力的产业。

随着园区的发展，逐渐暴露出产业粗放、能耗较高、同质化明显等劣势，产业结构不合理、土地集约化低等问题越来越突出。

面对困境，园区的决策者进行了深入思考。作为地处长沙主城区、面积相对较小，而且位于长株潭三市融城“核心区”

的省级经济开发区，必须扭转这种局面。

园区圭塘河生态区

思路决定出路。长沙雨花经开区有了重新定位：立足内涵发展、绿色发展、创新发展、质量发展、节能发展“五大维度”，围绕工业新城的整体定位、专业园区的产业定位、特色立园的招商定位“三个定位”，向空间要土地，向创新要动力，以绿色为底色，以智能拼未来，致力于打造绿色工业园区！

有了精准的定位，就有了追求的目标，有了行动的方向。

在保护中开发。围绕园区主导功能和自然山水格局，坚持1/7 绿地、1/5 商住用地、1/3 工业用地的规划理念，构建“一轴、两带、两廊、五组团”的功能布局。

进入园区你会发现，园区范围内所有的绿地水域都被严格保护起来。如清泉寺片区 1 200 亩绿地与 109 亩水域、同升湖片区约 2 100 亩绿地与 600 多亩水域等，均得到严格保护。保住了绿地，就保住了园区的底色。

雨花经开区毗邻长株潭生态绿心，山水林田湖草得到严格保护

在开发中保护。项目建设不再走“先发展，后治理”的老路，始终把“绿色招商”原则贯穿始终，将节能环保指标作为重要判断依据，实现源头控制。据不完全统计，从 2013 年起，园区先后婉拒 50 多个项目入园。与此同时，加强存量企业管理，关停并转企业 5 家，转型 18 家，31 家企业退出绿心区域。

变“摊大饼”为“搭积木”，向空间要土地。2006 年，试水初级形态的标准厂房——建设环科园创业中心。2007 年在长沙率先开启标准厂房建设。2018 年成功引进长沙屿，现入驻企业 140 多家，其 Easy-Office 全生态办公模式领衔长沙新一代办公标准。同时，大力推进多层工业厂房建设，“腾笼换鸟”加快旧厂房改造，建设用地集约节约利用水平位列全省园区前列。

跳出雨花发展雨花。雨花经开区争当长株潭一体化桥头堡，积极推进韶山和九华飞地园区建设，解决土地短板问题。2022 年 4 月，长株潭都市圈首个“飞地园区”——雨韶飞地园

长沙屿 Easy-Office 全生态模式领衔新一代办公生产新标准

区投入运营，首批企业入驻投产。

理念之变，推动发展格局焕然一新。

目前，园区逐步形成自己独特的发展路径：建设具有全球影响力的新能源汽车及零部件产业集群、具有全国竞争力的智能光学及装备产业集群、具有全省引领力的智能生物医疗（医药）产业集群，打造独具特色的绿色智能制造产业示范园区。

从相关数据可以看到绿色制造的成效：2021 年高新技术产业产值占园区工业总产值的 95%以上，绿色产业增加值占工业增加值的 86%左右。

在实践中多措并举，驱动企业转型升级闯新路

雨花经开区的主导产业是制造业，制造业的主体是工业企业。

面对产业粗放、能耗偏高、同质化明显的系列问题，如何引导企业发挥主体作用，走绿色发展之路，是对园区的一大考验。

雨花经开区在打造绿色工业园区中，坚持多措并举，驱动企业闯出了一条以绿色制造为主线的转型升级新路子。

措施之一：以配套政策激励企业创新发展。

园区先后出台《长沙雨花经济开发区推动先进制造业高质量发展扶植奖励办法》等政策文件，制订实施头羊打造、冠军培育等六大计划，鼓励企业走高质量发展之路。出台《促进工业软件发展三年行动计划（2020—2022）》《关于加快工业软件产业高质量发展的若干政策》，引导企业技术创新和转型升级。历经多年沉淀，截至目前，雨花经开区高企数量突破 200 家，以可孚、长步道、长泰智能为代表的国家级小巨人累计达 9 家，省级小巨人累计达 20 家。

同时，支持企业运用先进节能降碳技术，在工业低碳领域、新能源领域、建筑领域、能源互联网领域等方面开展深度合作，开展低碳、生态环保、节能降耗等碳达峰、碳中和一揽子项目的投建营一体化深度合作，助力“双碳”工作落地实施。

措施之二：培育产业链引导企业集聚发展。

早在 2009 年，园区引进了国内新能源汽车产业龙头企业比亚迪。围绕比亚迪，通过先做主体、再做配套，不断拉长产业链，走由内而外的产业链培育之路。在新能源汽车产业带动下，园区培育了湖南晓光、海福来、优来电子、弗吉亚等一批

雨花经开区中南智能装配车间

产业链上下游企业。其中湖南晓光汽车模具有限公司，已经发展成为中南地区最大的汽车模具生产企业。

2013 年，园区率先在湖南省提出将智能机器人产业作为主导产业，确立了“以推广应用为先导、以市场换产业、以本体引集成、以集成促集聚”的发展路径。2015 年 3 月，省政府批准雨花经开区为“机器人产业集聚区”，截至目前，仍然是全省唯一的机器人产业集聚区。2017 年 11 月，长沙市全面铺开建设 22 条产业链，雨花经开区是全市人工智能及机器人（传感器）产业链牵头园区。截至目前，产业链积聚了大族激光、长步道、先惠智能、华烨智能、长泰智能、驰众机器人、唐智科技等产业链规上企业 53 家，预计年产值 37 亿元，发展来势喜人。

坐落在雨花经开区的大族智能装备车间

措施之三：以技术创新驱动企业转型升级。

在雨花经开区，湖南工业 4.0 创新中心、大族智能制造研究院、省机械基础零部件创新中心、可孚与湘雅二医院联合科创中心等相继建立，发挥了该平台的辐射和带动作用。国家机械基础零部件创新平台、长株潭创新医疗器械中心等平台正在积极搭建，一系列“国字号”“省字头”的创新平台布局落子。

一个个创新平台，架起了供需对接“立交桥”，激发了园区创新活力。园区企业递出一张张自主可控的技术名片：长步道自主研发的光刻机镜头、全球首创的 1.5 亿像素镜头；菲尔斯特是国内最早一批将玻璃微熔技术用于工程机械行业替代进口产品的传感器厂家；比亚迪解决了新能源汽车关键核心部件绝缘栅双极型晶体管（IGBT）问题；晓光模具公司研发的间接热成型技术打破国外长期垄断，1 800 兆帕强度及以上超高强度钢材热成型工艺全球领先、国内首创。

企业从产品到工艺，从生产到管理，一个个企业的技术升级，驱动园区企业从传统制造转向智能制造，再向绿色智造提速发力。

坐落在长沙雨花经开区的比亚迪现代化工厂

措施之四：以严格标准倒逼企业绿色制造。

到 2022 年 7 月，园区共有 32 家企业完成了清洁审核。晓光模具、智水环境通过了省级绿色工厂认定，长沙比亚迪、普斯赛特光电入围 2022 年绿色工厂创建计划，初步建立了高效、清洁、低碳、循环的绿色制造体系。

湖南晓光汽车模具通过 2022 年湖南省级绿色工厂认定，图为生产车间

原来建在园区内的上市企业金杯电工，产值很高，税收可观，但存在环保问题。园区支持企业外迁解决环保问题后，在原厂区重新开发工业地产，不仅优化了园区产业结构，还为金杯电工带来主营业务之外的服务性收益。

国家绿色工业园区创建规定，要求清洁能源使用比例引领值为 75%，雨花经开区 2017—2019 年清洁能源占比均为 100%；要求水资源产出率引领值为 1 500 元/米^3，2019 年这一占比实际达到 3 726.08 元/米^3；要求水利用率引领值应达 30%，雨花经开区水回用率超过 90%。

感知或许是主观的，但数据是客观的。一组组数据，记录了园区的绿色转型从量变到质变的过程。

在服务中加强监管，为绿色园区发展保驾护航

雨花经开区坚持在服务中加强监管，在监管中加强服务，不断完善配套设施，为打造绿色工业园区提供了坚实保障。

在为企业服务中，雨花经开区的“店小二”“保姆式”的服务成为常态。推行不叫不到、随叫随到、服务周到、说到做到的工作方法，从知识产权、资金超市、人才家园、生活配套等方面，为企业提供优质服务。推出 54 个事项帮代办业务，建成企业综合服务信息化平台，实现企业办事“最多跑一次”或者“一次都不用跑”。

持续推进“驻企联络员”制度，全园包片包企包干。园区出台纾困增效专项行动方案，做出“一企一策”的政策安排，就“个性、同类、共性”问题分类办理，全力帮助企业解决用工、融资、原材料供应、人才引进、交通出行等具体问题。

园区工业企业众多，经济发展较快，加强环境监管、避免管理漏洞，成为绿色园区建设的重要课题。

园区利用大气污染防控平台、用电监测系统等智能化手段，强化污染现象预警、污染问题溯源、污染责任追踪等工作，规范企业行为，压实企业主体责任。同时，在重点项目设置环境空气质量监测站点，完善监测预报共享平台，开展大气污染热点网格监管。

充分发挥第三方服务机构“环保管家”和专业技术优势，针对园区环境问题提供定制化解决方案和全过程服务。从提供初期的环境问题检测调查、源清单梳理、规划设计，到工程建设、设施运维、污染治理，以及全过程诊断、分析、评估、决策等一揽子、一站式服务，“环保管家”核心在于“测（环境监测）、管（智慧管理）、治（科学治理）”一体化协同联动，形成发现问题、分析问题、解决问题的闭环思路。

爱雨花经开区，城市与园区、园区与自然巧妙融合

在强化服务、加强监管的同时，不断完善配套设施，提升园区绿色发展的支撑能力。

园区已实现主次干道污水管网全覆盖，实现生活污水和工业废水全截污、全收集、全处理。拥有日均处理 18 万吨的污水处理厂，完全能够满足未来一个时期的发展需求；与此同时，治水、节水、限水、蓄水等系列工作逐步深入。

如今的雨花经开区，绿色制造渐入佳境，生态文明深入人心，城市与园区、园区与自然巧妙融合，为产业园区的低碳绿色和创新发展提供了示范和借鉴。

专家点评

就湖南而言，雨花经开区是一个面积小、建立晚的园区，加上地处长株潭城市群绿心地带，受到的约束很多。他们立足现实，通过打造绿色工业园区，推动绿色生产方式与制造业的融合，把制造业产业优势拉长，把土地紧缺短板补长，园区产业结构日趋合理，绿色产业体系初步形成，绿色制造引领“小”园区实现大发展，为各地产业园区的绿色低碳和创新发展提供了示范和借鉴。

智慧能源为“双碳”注入新动能

——威胜能源“零碳未来”的探索与启示

我国已进入新发展阶段，推进“双碳”工作是破解资源环境约束突出问题、实现可持续发展的迫切需要，是顺应技术进步趋势、推动经济结构转型升级的迫切需要，是满足人民群众日益增长的优美生态环境需求、促进人与自然和谐共生的迫切需要，是主动担当大国责任、推动构建人类命运共同体的迫切需要。

——习近平 2022 年 1 月 24 日在中央政治局第三十六次集体学习会上的讲话

威胜能源作为节能减排与双碳发展的湘企代表，始终认真贯彻落实习近平总书记关于碳达峰碳中和重要论述精神和中央、省、市的部署要求，积极践行节能降耗理念，深耕智慧能源绿色产业，坚决用实际行动探索“零碳未来”。

能源转型势在必行

能源是经济社会发展的支撑。我国多煤少油缺气，原油对外依存度高达72%，2021年进口原油达5.13亿吨，进口天然气1.2亿吨，对外依存度约为45%。俄乌冲突进一步加剧了国际能源市场的动荡，影响能源安全。从我国能源结构看，2021年煤炭消费占比为56%，仍居首位。从我省来看，湖南化石能源占一次能源消费比重约为76%，煤炭占比约为55%，火电在我省发电总量中占第一位。湖南本身缺煤贫油少气，煤炭质量不高且开采成本大，发电用煤主要依赖外购。由此可见，全国能源结构都呈现明显的高碳化特征。能源结构的转型是实现“双碳”目标的重要举措和关键环节，发展清洁安全绿色高效能源是大势所趋。这既是能源领域相关企业的时代使命，也是企业发展壮大的历史机遇。

当前，全球能源产业链供应链负担大，我国高效提升能源供给和实现“双碳”任务艰巨。无论是挖掘传统能源产业的潜力，还是激发新兴能源产业的活力，都需要提高智慧能源产业供给能力。国务院办公厅已转发国家发展改革委、国家能源局《关于促进新时代新能源高质量发展的实施方案》（以下简称

《实施方案》），围绕新能源发展的难点、堵点问题，在创新开发利用模式、构建新型电力系统、深化“放管服”改革等 7 个方面完善政策措施，为我国如期实现碳达峰碳中和奠定坚实的新能源发展基础。

聚焦智慧能源，探索绿色低碳发展路径

2022 年 6 月 15 日，湖南“落实‘双碳’行动，共建美丽家园”低碳日主场活动落地威胜能源产业园。威胜能源作为湖南省首家“智能光伏试点示范企业”，以智慧能源实现活动过程零排放，以实际行动响应绿色低碳愿景和倡议。

在双碳目标引领和能源革命推动下，威胜能源深感企业面临巨大发展机遇与挑战。从长远来看，新型能源市场空间巨大，是长期利好。从短期来看，能源产品研发也面临很多困难和不确定性。一方面，光伏组件、电池材料等价格持续上涨导致光伏电站、储能电站等建设成本上升、投资收益降低，较大程度影响客户投资建设项目的积极性；另一方面，电价市场化改革还原电力商品属性，电力价格普遍提升，不同行业、不同用电特征的用电企业建设光伏电站、储能电站等能源基础设施的投资收益差异明显。这些都给企业研发智慧能源、为群众提供多样化能源服务带来现实挑战。

威胜能源通过认真分析用电企业的生产经营和用能特征，精心挑选多方面资源条件更好的行业领域，坚持通过设计优化和严苛的施工过程管控降低项目的建设运行成本。抓住“能源

清洁化、电网智能化、交通电动化、储能产业化”的机遇，推出以新能源、新型配电、新型负荷、新型储能“四新”源网荷储一体化为主体的产品技术服务体系，快速发展“四新”技术与产品，帮助客户的能源系统转向新型电力系统。既服务发电、钢铁、水泥、冶金等传统高耗能高排放工业领域，也服务轨道交通、数据中心、通信基站、芯片、水环境治理、绿色出行等新兴战略与基础设施行业领域。

“四新”能源技术服务体系助力构建新型电力系统

勇于创新，增强核心竞争力

2013年11月4日，习近平总书记莅临威胜考察，勉励企业继续加强研发、不断创新。十年以来，威胜人始终牢记总书记殷殷嘱托，锐意进取，持续加强科技创新。

为确保储能系统产品高安全、高可靠运行，威胜能源基于气体动力学和流体力学相关理论，采用先进的热分析软件模拟试验，以高精度热管理仿真，采用自主专利集装箱风墙设计方法，不断优化设计，确保储能系统热可控。同时联合华中科技大学院士团队推进新型消防技术和新型灭火剂的应用，改变传统粗犷式灭火技术，通过模组级监控且结合多级消防预警报警机制实现精准消防，确保整体更安全。

为确保能源基础设施持续高质量运行，威胜能源基于自主知识产权的新能源电站监控运维平台，结合手机 App、无人机、智能安全帽等先进工具，建设了 O2O“线上监控＋线下维护”的立体式新能源运维服务体系，致力于为客户提供全生命周期一站式智慧能源服务。

服务低碳未来，赋能绿色发展

多年来，威胜能源着力探索智慧能效协同发展实现路径，不断创新智慧用电与能效管理模式，更好服务区域节能降耗、低碳转型。

在汨罗，威胜能源参与建设的汨罗市循环经济产业园综合智慧零碳电厂项目是湖南首个产业园区级零碳电厂项目。项目一期规划建设 10.54 兆瓦分布式光伏，配套 1 套 0.5 兆瓦/1 兆瓦时磷酸铁锂储能系统和 1 套 1.5 兆瓦/3 兆瓦时（2 台 0.75 兆瓦/1.5 兆瓦时）磷酸铁锂储能系统、12 台 2 千瓦垂直轴微风风机、12 台光伏路灯、12 台双枪 14 千瓦充电桩、1 套拖挂式多功能移动储能充电平台及移动智慧充电机器人。该项目可聚合光伏 10.54 兆瓦、储能 2 兆瓦/4 兆瓦时，可为电网提供顶峰能力 2 兆瓦，增加调峰能力－2～3.054 兆瓦；可优化电网频率特性，为电网提供 5.054 兆瓦的调频可调度容量；可提升响应速度、丰富电网调压手段，是威胜能源协助国家电投创新打造的一种能源保供新模式、新选项。

在湘潭，威胜能源参与建设的湘潭经开区红东储能电站是全国首个增量配电网示范储能电站。系统采用 280 安时磷酸铁锂专用储能电芯、专利陶瓷隔膜安全设计、自主知识产权 EMS 系统，以及智能气体探测系统和智能消防系统，确保电站的高安全性和高可靠性。电站并网于湘潭经开区增量配电网 10 千伏红东线，兼具电网侧和用户侧特点，运行模式灵活。既可为电网削峰填谷服务，特殊情况下也可为配电网区域内企业

湘潭经开区增量配电网示范储能电站

提供保电、备电服务，还可作为源网荷储一体化系统的光伏发电配储单元，提升湘潭经开区迎峰度夏供电保障能力，同时为不断探索创新储能运营模式提供在线研究平台。该项目是湘潭市建设以新能源为主体的新型电力系统，助力节能降碳、服务双碳目标、推进园区高质量发展的成功探索，是湘潭市首个成功落地的储能电站。

在宁乡，双凫铺镇集中式光伏扶贫电站是湖南省委、省政府重大产业扶贫项目。该项目总装机容量 28.9 兆瓦，建成后将持续 20 年为宁乡市建档立卡的 964 户贫困家庭精准扶贫，是一项政府关注、群众期盼的民生工程、民心工程，也是长沙地区单体最大的光伏产业扶贫项目，入选湖南省扶贫攻坚大型成就展。威胜能源专业工程服务团队保质保量完成了该项目。

湖南省重大产业扶贫项目——宁乡双凫铺光伏扶贫电站

在双峰，中国电力携手威胜能源开发建设的双峰县整县分布式光伏项目是国家批准的整县（市、区）屋顶分布式光伏开发试点项目之一。项目总规模设定装机容量为 64 兆瓦，包括公共机构、工商业、户用等各类建筑屋顶光伏应用模式，是双峰县贯彻落实国家“碳达峰、碳中和”与乡村振兴战略部署的重要措施，对加快双峰县清洁能源开发利用，提高资源利用效率，促进绿色能源可持续发展，加快经济结构优化升级具有重大现实意义，标志着双峰县新能源开发建设翻开了崭新的一页。

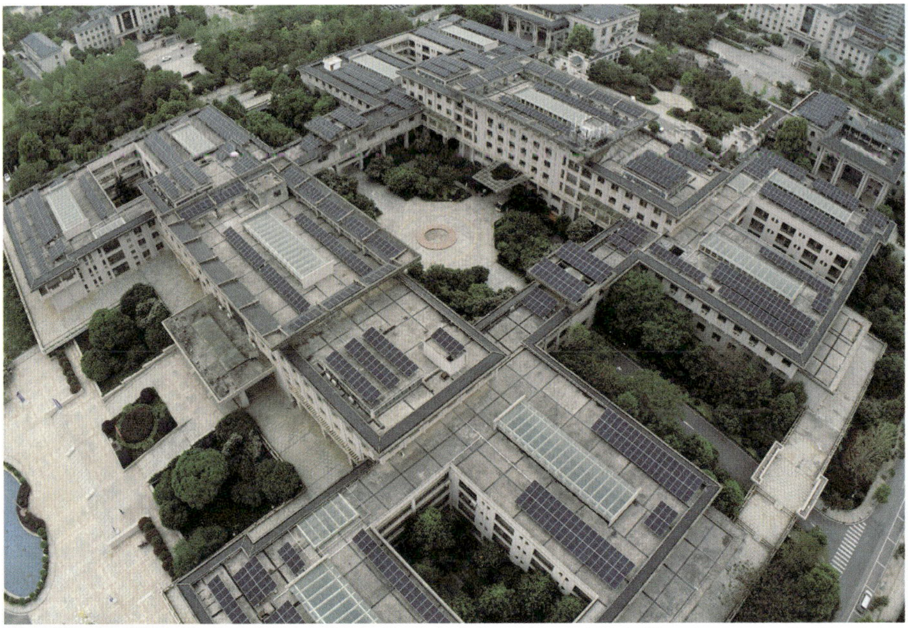

双峰县整县（市、区）屋顶分布式光伏开发试点项目

从国内到东南亚、南亚、拉丁美洲，应用场景从临高、瑞安等低海拔、高潮湿、高盐雾的近海岸地区，到阿里地区、可可西里等高海拔、极高寒的高原地区，服务对象从通信基站、无电区住宅、建筑综合体，到企业园区、开发区，系统容量从

几千瓦、几千瓦时到几十上百兆瓦、几万千瓦时……威胜能源让越来越多的客户享受到绿色智慧能源产品与服务，持续满足客户日益增长的智慧能源与绿色高质量发展需求。

三江源国家公园可可西里生态保护站智慧能源项目

印尼雅加达工厂光储一体化微电网项目

落实双碳行动，打造绿色低碳示范园区

作为智慧能源服务的示范者、引领者，威胜能源积极探索自身园区“绿色低碳”经营新思路，凭借新能源、新型配电、新型储能、新型负荷技术应用与实力，打造省内首批“智慧能源零碳未来”碳中和示范园区，为推动区域绿色低碳发展和节能环保产业集聚及升级做出了卓越贡献，为湖南企业完成碳达峰碳中和目标提供了节能减排示范方案。

根据园区用电特点，威胜能源建立 300 千瓦/300 千瓦时智能光储充用一体化微电网，为园区关键负荷提供保安电源。模块化建设 2.5 兆瓦/5 兆瓦时可扩展式共享储能电站，为湘潭经济开发区增量配电网红东线上所有园区提供储能电力，削减需量电费，从容应对迎峰度夏的限电压力。建立低速电动车换电网点，为园区员工两轮电动出行提供便捷的补电服务。

充分利用园区厂房屋顶、停车棚等闲置资源，建设设定装机容量 4.86 兆瓦分布式光伏电站，年发电量 460 万千瓦时以上，大幅提升园区绿电自主供应能力。园区年用电量 330 万千瓦时，实现“碳中和”运营。

聚集园区中央空调负荷，集中监测、分区调控，让空调负荷增强灵活性，提高应对限电场景下压减负荷的弹性。统一运营园区内充电桩和换电柜，分时段调整充电策略，进一步提升园区用电负荷弹性。园区智能配用电系统从传统以能源管理为主要目标过渡至以能效管理为主要目标，再升级至源网荷储一

体化能量运营管理，以适应从传统电力用户进化为新型电力用户的内在需要。

积极响应国家双碳战略，设立自主减排碳账户，对企业自主实施的新能源消纳、节能增效、员工减排、绿植碳汇等降碳减排行为进行监测分析，及时反馈降碳效果，努力让每一份减排发光发热。

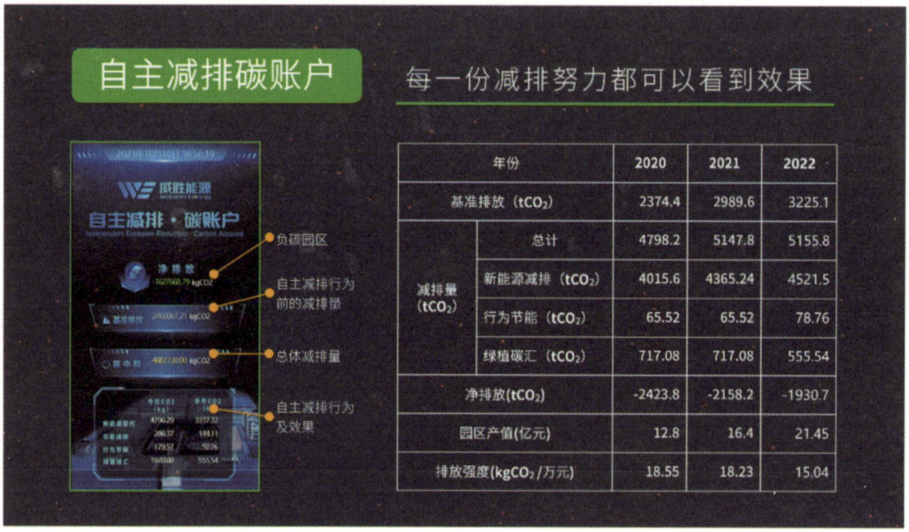

年份		2020	2021	2022
基准排放（tCO_2）		2374.4	2989.6	3225.1
减排量（tCO_2）	总计	4798.2	5147.8	5155.8
	新能源减排（tCO_2）	4015.6	4365.24	4521.5
	行为节能（tCO_2）	65.52	65.52	78.76
	绿植碳汇（tCO_2）	717.08	717.08	555.54
净排放(tCO_2)		-2423.8	-2158.2	-1930.7
园区产值(亿元)		12.8	16.4	21.45
排放强度($kgCO_2$/万元)		18.55	18.23	15.04

自主减排碳账户与减排贡献

设立园区低碳日，打造节能降碳企业文化，将节能降碳落实到园区运行过程中，落实到员工行为中。积极利用园区闲置资源，开展低碳活动，如新型储能技术应用与产业发展高峰论坛、全国低碳日湖南主场活动等；加强与高等院校、研究机构、设计院、行业协会、能源领域龙头企业等社会组织的联络与互动，共同探索园区、建筑绿色低碳发展方法与路径。

为“2022年全国低碳日湖南主场活动”提供全程绿电

从小到一张纸的节省，大到兆瓦级光伏电站的建设，威胜能源始终相信“一个绿色的未来，就是一个繁荣的未来”，始终坚守绿色作为企业高质量发展的基础底色。威胜能源在配用电领域，前沿性思考如何更好地为行业客户降低用能损耗，在行业率先提出“绿色轨道交通、绿色数据中心、绿色水务”等行业配电解决方案；在行业中率先实践“园区级源网荷储一体化新型电力系统”；以实现“3060”双碳目标任务以及新型电力系统转型为己任。

行而不辍，则未来可期。在这条任务艰巨且漫长的绿色发展道路上，威胜能源将肩负起湘企的使命与担当，不断尝试更绿色、更节能的行业解决方案，走好持续发展、绿色发展道路，不断提升服务碳达峰碳中和战略的能力，以实际行动共建美丽家园。

专家点评

从碳排放核算来看，能源生产与供应是湖南碳排放的第一大来源，约占全省碳排放总量的36%。发展清洁高效能源是实现双碳目标的重要举措。威胜能源依托自身技术积累和研发，顺应发展趋势，推出“四新”技术和产品，拓展应用场景，实现了经济效益和社会效益双丰收，在服务碳达峰碳中和战略中迈出了坚定的步伐。威胜的探索值得相关企业学习借鉴。

美丽乡村建设

山清水秀乡村美　生旅融合产业兴

——新宁县“层进式”打造“两山”实践县域新样本

大自然是人类赖以生存发展的基本条件。尊重自然、顺应自然、保护自然，是全面建设社会主义现代化国家的内在要求。必须牢固树立和践行绿水青山就是金山银山的理念，站在人与自然和谐共生的高度谋划发展。

——习近平 2022 年 10 月 16 日在中国共产党第二十次全国代表大会上的报告

夫夷胜景天成就，摄杖归来入梦频。

初夏的崀山，满目青翠，郁郁葱葱；橙花芬芳，香气四溢。在湖南省邵阳市，新宁县犹如一颗绿宝石，镶嵌在湘西南边陲。这里独特的生态条件使新宁成为知名旅游目的地。

新宁境内的崀山是世界自然遗产、国家5A级旅游景区，被誉为“丹霞之魂、国之瑰宝”；舜皇山是国家自然保护区，有“南岭明珠”“南方树木王国”“生物基因库”之美称；黄金牧场被誉为“南方的呼伦贝尔”。境内生态优良、资源丰富，全县森林覆盖率70.01%，素有“五岭皆炎热，宜人独新宁”的美誉。

近年来，新宁县主动扛起生态文明建设的政治责任，牢固树立和践行“绿水青山就是金山银山”理念，依托良好和独特的生态资源，“层进式”推进“两山”实践，发展生态经济，打响生态品牌，增进民生福祉。据统计，占全县总人数80%的

新宁黄金牧场高山草甸

50 余万人口通过旅游和脐橙两大支柱产业实现增收致富。

在如今的新宁县，生态文明理念深入人心，生态文明建设成果丰硕，走出了一条人与自然和谐共生、经济发展与环境保护共赢的新宁之路，实现了与绿水青山的“美丽之约”！

坚持以“修”促“创”，开展生态文明示范创建

始终坚持走绿色发展之路不动摇，一年接着一年干，持续接力，连续发力，一以贯之地描绘“绿色”蓝图。新宁县 2001 年提出创建全国生态示范区的目标定位，2008 年成功创建全国生态示范区。2019 年成功创建湖南省第一批生态文明建设示范县，2020 年成功创建为国家生态文明建设示范县。

大力实施生态环境修复工程。2020 年，出台《关于生态修复五年行动计划实施意见》，计划投入 14.5 亿元，通过实施林地修复、石漠化治理等 10 大工程，实现重点区域生态环境明显改善。加快推进“四水治理”夫夷江项目，开展崀山镇水溪等 7 个保护圈项目建设；启动石漠化治理工程，实施黄龙等 4 个乡镇生态清洁型小流域治理工程和麻林、黄金崩岗治理工程，治理水土流失面积 32 平方千米。

抓好绿色矿山建设，启动矿山生态修复工程。完成矿山生态修复 16.12 公顷，全面开展土壤污染地块详查工作，对 3 个涉锑片区进行治理，解决了多年的历史遗留问题；31 个矿山 3 年全部按照绿色矿山的标准整改到位。

矿山生态修复

全力打好污染防治攻坚战。打好蓝天、碧水、净土保卫战，全面整治非法排污、超标排污的畜禽养殖场、砖厂、碎石场、涉矿企业；提高项目准入门槛，限制或禁止高污染、高能耗、消耗资源性项目准入，先后关停造纸厂、黏土砖厂等高污染、高耗能、高排放企业 75 个；积极推进突出生态环境问题整改，累计完成中央环保督察及“回头看”问题整改 37 个、省级环保督察及“回头看”问题整改 31 个。

全面推进“河长制”“林长制”。整治遗留沙石码头 24 处、“僵尸船” 159 艘，取缔非法采沙场 10 处，收缴非法电鱼设备 98 台。全县 33 座水库共 33 万平方米退养到位，建设“样板河” 16 条，河长制工作经验在全市进行推介。加大林业建设力度，全县森林覆盖率达到 70.01%，居全省前列。生态环境状况指数连续多年保持优秀。森林资源管理通过国检，努力创建湖南省森林城市。

系统推进城乡环境综合整治。建成县垃圾无害化填埋场和县城、工业园区、回龙寺及崀山等污水处理厂，所有建制镇基本建成污水处理厂；建设天然气站和完善的供气管网，全力推进县城防洪堤和排水排污等城市配套设施建设，逐年提高城市绿化率。

纵深推进农村环境综合整治，建立分级负责、全面覆盖和“户分类、村收集、乡（镇）转运、县处理”为主的运作模式，启动实施农村生活垃圾分类减量工作，推进畜禽养殖禁养区退养工作，退养面积 18 000 多平方米。农村环境卫生状况持续改善，2019 年以来，连续多年考核排全市前列。

夫夷江畔风光好

坚持以“创”促“转”，持续深化生态文明建设

在成功创建国家生态文明建设示范县的基础上，新宁县探

索生态产品保护补偿机制，努力搭建生态产品价值实现的经营和保障机制，大力推动绿色、循环、低碳发展，强力推进“绿水青山”向“金山银山”转化，初步形成了经济发展与生态环保互进共赢的良好局面。

创建“两山”实践创新基地。成立“两山”基地创建工作领导小组，制定《新宁县“绿水青山就是金山银山”实践创新基地创建工作方案》等系列指导性文件；出台《生态创建工作考核奖惩办法》及《党政领导干部生态环境损害责任追究办法实施细则》等文件，确定由相关部门组成督查组定期组织开展督查，强力推进生态文明建设各项工作。目前，新宁县已成功创建省级生态乡镇 10 个、省级生态村 9 个、市级生态村 72 个，涌现了一大批“绿色学校”“绿色单位”“绿色企业”。

夫夷江国家湿地公园

严守生态保护红线。新宁县生态保护红线占国土总面积比率为33.68%，居全省前列；自然保护地面积303.42平方千米，林草覆盖率70.01%；活立木总蓄积量1 027.1万立方米，增长4.0%，生态环境状况指数连续多年保持优秀。

设置支流入河口以及坝口拦污栅9处，清理河道滩地近5 000平方米，采用无人机及执法船常态巡河，实现水、陆、空立体化河道监控全覆盖，智慧河湖管理系统、“一河一警长”具有新宁特色的治水举措，得到省市充分肯定。

全县16个乡镇建成16条样板河，其中罗间河、新寨河五里圳段成功入选湖南省“美丽河湖”，连续两年获省里表彰奖励。先后纳入全国重点生态功能区、全国国土资源节约集约模范县，列为全国石漠化综合治理试点县、全国坡耕地水土流失综合治理试点县。

推进产业绿色转型发展。完成受污染耕地安全利用1.32万亩，建成脐橙万亩标准化生产示范园12个、老园提质改造示范园10个，建立万亩高标准绿色农业示范基地21个、农业科技实验示范基地5个、创建4个万亩和24个千亩双季稻示范片，农业标准化种植比例达65.2%。

“崀山脐橙”先后获国家农产品地理标志认证、国家地理标志证明商标、农业部优质农副产品金奖、中国中部知名农产品品牌、中国果业最受欢迎的果品区域公用品牌100强和柑橘区域公用品牌10强、湖南省名牌农产品、湖南省“一县一特”农产品优秀品牌、首届湖南气候好产品、湖南省我最喜爱的绿色食品、湖南省优质水果评比金奖等多项荣誉，被列为湖南省农产品片区公用品牌之一。脐橙产业扶贫经验入选全国农业绿色发展典型案例。新宁成功创建全市首个、全省第二个国家农业绿色发展先行区。

制造强县、“四百工程”稳步推进，全县在库规模工业企业67家，2022年全县实现规模以上工业总产值78.99亿元、规模以上工业增加值20.91亿元；全社会研发经费投入占GDP比重1.08%；地方财政科技投入同比增长45.77%；专利授权达93件；高新技术企业扩容到20家，高新技术企业增加值占GDP比重达7.59%，新型工业提质增效，高质量发展趋势向好，被列入湖南省低碳试点县、湖南省可持续发展实验区。

纵深推进城乡同治。强化“三废”综合治理，城市集中式饮用水水源地水质达标率100%，城镇污水处理率为96.68%，村镇饮用水卫生合格率100%。每年空气优良以上天数355天，每年环境空气质量优良天数比例达到97.3%，PM2.5、PM10平均浓度分别为28微克/米^{3}和42微克/米^3。

农村环境综合整治纵深推进，全面开展农村人居环境整治提升“百日行动”，推广“一村一站一员”再生资源回收处理，全面提升农作物秸秆禁焚和综合利用，农作物秸秆综合利用率达89.48%，划定禁养区326.03平方千米，畜禽粪污资源化利用整县推进项目全面完成，畜禽粪污综合利用率为93.43%，299个行政村村规民约基本建立，建成省级美丽乡村示范村6个、市级美丽乡村示范村14个，农村环境卫生状况持续改善。

生态崀山，美丽家园

坚持以“转”促“兴”，深入推进产业融合发展

贯彻落实“百里脐橙连崀山”发展理念，大力实施“旅游立县”发展战略，擦亮世界自然遗产崀山和崀山脐橙两张名片，加快推进“两山转化”，推动旅游、脐橙等支柱产业融合发展，走出了一条生态富民的阳光大道，为乡村振兴树立了生态样板。

推动“生态＋旅游”融合发展。以崀山 5A 提质为契机，大力推进“旅游＋”“＋旅游”融合发展，探索建立以“景村一体化、产旅融合化、服务标准化”为主要特色的“龙头带动”型全域旅游发展模式。2022 年，全年接待游客 547.96 万人次，实现旅游总收入 49.54 亿元。

全县基本形成以崀山世界自然遗产地为龙头，以舜皇山森林生态旅游区、黄金牧场为两翼，以崀山丹霞小镇、黄龙脐橙小镇、黄金清凉小镇等特色小镇，白沙、黄龙、湘塘等 12 个美丽乡村，以及一大批乡村旅游服务点、乡村旅游景点为补充的全域生态旅游新格局。

崀山镇创新“景区带村”模式，将 2 935 户危房改造成湘西南特色建筑，打造出迷人的风景线。30 余家精品民宿、200 余家特色农家乐和家庭旅馆融入其中。窑市村满师傅生态产业园实施有机种养，用满师傅豆腐厂的豆腐渣养牛、养鸡，用牛粪等发酵成有机肥种植水果、蔬菜，形成一条生态产业链，年创产值 8 000 多万元，安排附近村民就业 600 余人，带动周边 4 个村搞起了生态种养。目前，崀山镇村集体经济总收入达 197.27 万元，村均集体经济收入达 10.96 万元，成为全域旅游和乡村振兴的新样板。

崀山镇石田村美如画

推动“生态＋农业”融合发展。促进农旅融合发展，财政投入3 800多万元，为景区内14个村开展危房整改、风貌改造，推动基础设施升级；按照“山顶戴帽、山腰栽树、山脚穿靴”打造脐橙产业融合发展带；打造脐橙旅游精品线路3条，建成脐橙旅游观光园21个，兴办休闲农业企业26家。

目前，全县脐橙种植稳定在50万亩左右，年产量达70万吨、产值达50亿元，脐橙种植单县面积稳居全国第一，被誉为“中国脐橙第一县”。“脐橙小镇”黄龙镇以崀山脐橙为主导产业，打造标准化果园，升级改造农业观光园，培育8个“二品一标”品牌，建立起多样化、品质化、精细化产业体系。全镇脐橙种植面积达9万亩，年产量达20万吨，产值达5.91亿元。

同时，依托“企业＋基地＋农户”经营模式，培育14家规模化企业、51家新型经营主体，户均年收入超过5万元，形成了特色产业样板，被认定为全省首批十大农业特色小镇之一。

金石镇月汉村万亩脐橙园

推动“生态＋文化＋旅游”融合发展。以“春花秋实”“脐橙花开·浪漫崀山”“浪漫崀山·瑶王盛宴”等为主题，融入乡村文化元素，连续举办八届“崀山脐橙文化旅游节”，精心打造“歌山花海·浪漫崀山”品牌形象，生动展示乡村特色文化，真正实现橙在画中，人在景中。

麻林瑶族乡挖掘少数民族特色民俗，培育文化演艺、非遗展演、旅游购物等新业态新产品，实现一、二、三产业深度融合，成为山水资源丰富地区推广样板。

舜皇山国家自然保护区充分利用野生茶叶资源和红色文化，打造红色旅游区，开发自驾旅游、摄影采风、生态观光等新业态，大力培育农家乐和民宿，促进茶文旅融合，带动百姓共同富裕。

舜皇山野茶助力乡村振兴

推动生态文明与乡村治理深度融合。深化“百里脐橙连崀山”发展理念，把发展旅游和种植脐橙作为产业扶贫的主攻方向，推动脱贫攻坚与乡村振兴有效衔接，脐橙种植面积从2013年的16万亩发展到目前的50万亩，8.37万贫困人口因脐橙产业实现稳定脱贫。

同时，坚持党建引领，大力实施乡村文明建设和治理，推动乡村振兴有力有序有效进行。清江桥乡桃花村探索出以“三会同商”“三线联动”“三制并举”为主要内容的“村治民动”群众自治新模式，被评为“全国乡村治理示范村”。黄金瑶族乡以党建为引领，以“集体经济合作社＋种植大户＋意愿群众＋科技特派员”为发展模式，大力发展猕猴桃和中药材产业，新扩猕猴桃面积1 260亩，总面积达4 260亩；推广“北鹿南养”特色养殖，发展“鹿色产业”，帮助瑶乡群众致富，成为可借鉴和推广的好经验。

生态环境是一种生产力，生态产业更是第四产业。新宁县贯彻落实习近平生态文明思想，牢记“绿水青山就是金山银山”理念，遵循绿色发展规律，用足生态资源优势，通过产业和旅游的融合发展，实现从土里刨“金”到守“绿”换“金”。“两山”的实践创新，促使新宁经济发展呈现速度变化、结构优化、动力转换三大特点，真正实现了“金山银山”反哺“绿水青山”的良性互动。

人间仙境——水墨桃花村

专家点评

近年来，“示范创建”成为国家和地方推动生态文明建设的一个重要手段。新宁县依托良好的生态资源，以生态文明示范创建为抓手，坚持以“修”促“创”，以“创”促“转”，以“转”促“兴”，层进式推进“两山”实践，打造出崀山旅游和百里脐橙两大生态品牌，走出环境保护与经济发展共赢的“新宁之路”，彰显出“绿水青山就是金山银山”的真理性力量，值得各地学习和借鉴。

五措并举走出一条乡村环境治理新路子

——长沙市望城区静慎村乡贤文化助力美丽乡村建设纪实

全面建设社会主义现代化国家，实现中华民族伟大复兴，最艰巨最繁重的任务依然在农村，最广泛最深厚的基础依然在农村。

——习近平 2020 年 12 月 28 日在中央农村工作会议上的讲话

青山、绿水、碧瓦、红墙，在似锦的繁花中穿行，一块矗立的青石碑跃入眼帘，石碑上阴刻“静慎村”几个红色大字。这就是长沙市望城区最北端与湘阴县交界的全国乡村治理示范村——长沙市望城区茶亭镇静慎村。

茶亭镇静慎村青山绿水实景图

静慎村是一片红色沃土，早在20世纪20年代，革命先烈郭亮就在这里开展过革命活动；老一辈无产阶级革命家王首道也在静慎从事过地下斗争。正是由于地处偏僻的老区，2008年以前，静慎村基础设施建设落后，集体经济薄弱，基层矛盾较多，村情民意复杂，上访情况时有发生，村党支部战斗堡垒作用和党员的先锋模范带头作用难以有效发挥，是一个“后进村”。

“15年了，我们用15年时间，坚持党建引领、‘九贤’治村的工作主线，突出‘两富两美’的工作思路，推进产业发展，完善村级基础设施建设，改善人居环境，建设美丽乡村，走出了一条村级社会治理共建、共治、共享的新路子。”在静慎村公共服务中心，高高挂起的习近平总书记教导“幸福都是奋斗出来的”横匾旁，静慎村党总支书记姚罗华感慨地说，“现在，我们静慎村已经全部脱贫，90%以上的家庭有存款，85%以上的家庭有小汽车，真正实现了村级社会治理共建共治共享。静慎村也先后被评为全国乡村治理示范村，全国文明村、国家森林乡村、湖南省美丽乡村示范村、湖南省卫生村和湖南省文明村，静慎村乡贤文化艺术节被评为2019年中国农民丰收节100个乡村文化特色活动之一。”

守好一方净土，擦亮绿色乡村底色

来到静慎村，满目间除了绿还是绿。宝盖山层峦叠翠、黄龙河碧波荡漾、水美“湘”村岸绿水清。慎家桥静卧在碧绿的山水相接处，文星塔耸立在流翠的田垄中。

“绿水青山就是金山银山这一理论，在我们静慎村得到了充分体现。近年来，静慎村始终抓住保护生态环境这根主线，让全村群众自觉保护环境，共同分享良好的生态环境带来的好处。”在静慎村朴华生态农业黄桃基地旁，姚罗华说，“茶亭镇是纯农业乡镇，我们在产业发展上始终坚持一条原则：不是环保项目坚决不引，不是绿色产业坚决不搞。因此近年来一直在积极探索生态农业新模式，推动农业产业结构调整，提高农业综合生产能力。我们村现在发展的雪峰山油茶、‘薯夫妻’红薯系列产品、朴华生态黄桃、静慎生态米等，都是非常优质的产品。通过打造‘生态采摘+旅游观光+农事体验+科普教育

＋产品加工销售’的经营模式，深化一、二、三产业融合发展，提升产品附加值，带动村民增收，让农民都享受生态农业的成果。”

良好的生态环境是静慎村最值得骄傲的地方。静慎村以环境卫生理事会为主体，采取分片包干、责任到人的办法开展全村环境卫生整治；发挥理事会成员作用，加大宣传力度，积极开展环境卫生宣传劝导；强化环保意识，督促群众破旧立新，树立良好的生产生活习惯，讲卫生，讲环保，讲集体主义；大力推行垃圾干湿分离再处理、雨污分流再入塘，全面建设化粪池、堆沤池、隔油池、人工湿地等“三池一地”，减少垃圾总量。垃圾分类处理的群众知晓率、群众参与率、群众满意率均达100％。

组织开展“让庭院、让村庄美起来”活动，突出重点、集中治理，打造“美丽庭院”1 000多户。以农村人居环境改善为抓手，以农村“治厕”“治垃圾”“治房”“治水”“治风气”等为着力点，全面开展农村“五治”。加大村庄绿化、美化、亮化力度，全村实现了无荒田、无荒山、无白色垃圾的“三无”目标，家家户户实现了有菜园、有花园、有鱼塘的“三有”面貌，呈现出“村貌悦目协调美、村容整洁环境美、村风文明身心美”的良好格局。

油铺冲组保洁员姚建明，年逾七旬，不怕苦、不怕脏、不怕累，在静慎村环卫一线一干就是10年，所负责的路段干净整洁、秩序井然，被评为静慎最美新乡贤。当人们问起姚建明为什么对搞环境卫生有这么高的积极性时，老人憨厚地说：

“我每天看到的都是好山好水，身体好了，心情也舒畅了，劲头更足了，感觉到日子越过越有味了。”

在静慎村的每一处冲口、每一条道路、每一个屋场，一年四季，都活跃着一群像姚建明一样身穿红背心，手提保洁袋的志愿者，他们精心护理着这里的一草一木，看见路边一片塑料、水中一片泡沫都要弯下腰来或下入水中将垃圾清理好。“保护环境，我们找到了自己的价值，收获了好环境带来的快乐！”静慎村环境卫生理事会负责人沈良云说。

建设宜居乐土，刷新美丽乡村颜值

黄龙河畔，稻熟椒红。走进静慎村“水美湘村”的步道，一步一景，移步换景。水面干净整洁，泛起阵阵涟漪，远处白墙黛瓦，柏油村道两旁，绿地繁花精致精美。昔日杂草丛生、无人踏足的河畔如今已是水清岸绿、散步休闲的好去处，2022年，茶亭镇通过景观的打造、文化的融入、产业的联动、屋场的结合，在静慎村黄龙河流域采取水系连通、清淤疏浚、河流岸坡生态治理，水质改善与生态修复、滨水生态带构建、人文景观等措施，让水留下来、流起来、净起来、美起来，也让群众生活好起来、乐起来、火起来。

“现在生活好了，腰包鼓了，村民对村庄环境的要求也高了。过去我们讲干净整洁，如今更要求美丽宜居。”在茶亭镇静慎村的舜文化园里，一场“水美湘村”开工动员会正在召开，在村党总支书记姚罗华描绘了建设蓝图后，工程涉及范围内的慎家桥组“新乡贤”村民代表们展开热烈讨论。“建好‘水美湘村’对改善我们人居环境、发展乡村旅游、增加村民收入大有益处，我们坚决支持！”组长姚卫华第一个表态。“建设范围内我家的 30 多亩鱼塘愿意退养。”村民姚文秀说。“我家 60 多平方米的菜土可以捐出用作修建步行道。”村民余山红表示。一听说建“水美湘村”，静慎村的新乡贤们争先恐后表态。一个屋场会，建设基本方案就已敲定。

“新乡贤”是静慎村党总支领导下的一个重要群体。在静慎村，只要能量正、家风好、求上进，就能加入新乡贤理事会。在此带动下，全村形成了一批父子乡贤、兄弟乡贤、夫妻乡贤，有的甚至一家人都成了静慎新乡贤的新风貌。新乡贤理事会在支村两委的领导下开展工作，每年投资投劳，参加社会公益活动，使静慎村真正形成了自己的事自己做、自己的事自己管的良好局面。

“组上修路，我捐 10 000 元。”李公桥组村民杨定宇说；“美丽乡村建设是好事，我捐 8 000 元，有什么事情需要我，随喊随到！”毛家塘组余雄辉说；“村上搞绿化，树苗子钱我出 20 000 元。”集镇居民姚炎喜说……2017 年以来，静慎村新乡贤筹资 400 多万元，筹劳 6 000 多个工日用于村级基础设施提质提档，新修到组公路 66.7 千米，修建自行车游道 40 多千米、完成村级公路白改黑上百千米，安装节能路灯 1 700 余盏，打造景观山塘 40 余口，为村级基础设施建设提供了新样本。

为了更好地发挥新乡贤的作用，静慎村建立和健全新乡贤评价机制，推进新乡贤率先垂范，引领文明风尚。开展‘最美新乡贤’‘最美新乡贤家庭’‘新乡贤屋场’‘新乡贤冲落’等建设活动，让新乡贤竞选活动成为全村文明建设的重头戏，“2019 年，我们的乡贤文化艺术节成为中国农民丰收节 100 个乡村文化特色活动之一，到今年已经举办了七届。通过设立乡贤榜，制作‘新乡贤’灯箱 500 多个竖立在村内主要道路醒目位置等各种形式，让新乡贤主动亮身份、做表率，倡树新风，浓厚氛围，接受监督。”静慎村党支部第一书记李鹏说。

茶亭镇静慎村静慎家园集中居住区

打造兴业沃土，激活现代农业动能

早春时节，穿梭在静慎村的乡间小路，两侧田野早稻插秧正在紧锣密鼓地进行，如何将过去“种树卖果、种稻收粮”的传统农业升级为“农旅融合、智能智慧”的现代农业？茶亭镇静慎村探索出一条生态农旅新道路，回引数十位青年“归巢雁”，打造创业兴业沃土，带动农业全链条拓展、升级。

“如果您想将红薯送到我这里来加工，我来收购，价格比外面市场高20%；如果您老想让我帮您去销售这些红薯粉，价格不低于市场价！”在“薯夫妻”创鸿农业有限公司，静慎村最美乡贤、“薯夫妻”负责人文莎对前来打听今年红薯粉销售情况的贫困户余文雄说。姚栋和妻子文莎放弃高收入的工作，回乡创立了“薯夫妻”品牌，将毫不起眼的红薯变成了“金饽饽”，形成一条富农产业链。为了实现品种改良，他们请来省农科院甘薯专家指导种植；为了延伸农业产业链，他们聘请中南林业科技大学教授指导加工产线建设；为进一步提高产品附加值，他们推动红薯粉申报望城区非物质文化遗产，并打造了一个以制作手工红薯粉为主题的体验式作坊，让研学体验与传统农业深度融合。

如今，静慎村有半数村民跟着姚栋种红薯。热心肠的姚栋，为村民提供种苗、技术培训：“给贫困户、脱贫户统一免费发放种苗、统一免费提供技术服务、统一免费进行农机服务、统一保底收购，他们一亩地可以赚1万～2万元。”2023年，“薯夫妻”入选农业农村部公布第四批新型农业经营主体典型案例，长沙市望城区茶亭镇静慎村的贤乡耕生态家庭农场入选“发展乡村产业”典型。

近年来，静慎村干事创业的氛围更加浓厚，两百亩朴华黄桃硕果累累，作为“相约茶亭，果然有味”2023茶亭镇首届果蔬采摘季分会场，基地采用原生态种植、精细化管理、农家肥养护等技术，打响生态农业品牌，实现200万元产值。哲浩农机育秧工厂一派繁忙，青年农创客姚鹏飞建成总面积达10 548平方米的智能育秧工厂，流转土地1 400多亩，注册“新乡贤”生态米品牌，实行产供销一条龙服务，每年生产加工粮食1 200多吨。静慎村发挥1 000多名学雷锋志愿者的作用，扎实推进产业振兴，鼓励合作社与脱贫户无缝对接，推进品牌农产品生产，让脱贫户在合作社或农产品生产加工企业中务工，产品交由农产品生产加工企业保价收购，使36户贫困户全部脱贫。

厚植文明润土，倡树和美乡村新风

走进静慎村，几乎看不到一个拱门；无论何时何地，静慎村地域内见不到一张鞭炮纸，人们谈论更多的是如何实行移风易俗。

“我死之后不要办丧事，不要放烟花鞭炮，不要搞迷信活动。将遗体自愿捐献给湘雅医学院做研究，眼角膜捐给爱尔眼科。”静慎村怀清塘组村民余志龙，患病期间就立下遗嘱，要求家里人移风易俗，不办丧事。2019年9月13日余志龙去世，家里人按照他的遗愿进行了遗体和器官捐献。正是这位普通农民的心愿，阐释了什么才是真正的移风易俗。

“只要两口子幸福，不要在乎一些虚礼，要带个好样，带头新事新办。”廖家坪组村民曾亚出嫁前给父母亲做工作，要求婚事新办。曾亚出嫁时，只请了家里的几位长辈一起送亲。回门当天，新娘新郎接受了邻里亲属的祝福，没有收受礼金。

“人要学好样，当好人。要讲孝道，讲义气，讲上进。”在慎家桥组的乡贤讲堂里，快 70 岁的老人姚建华娓娓道来，润物无声。“垃圾干湿分类，是减少垃圾，确保全村环境卫生的关键，大家一定要积极参与，认真搞好分类处理！”“环境卫生是大家的事情，要靠大家来维护。”“你这禾场塝下的垃圾要清理干净，柴叶子不能到处倒。”今年 79 岁的蒋六娥，是一名退休村干部，她利用自己地方熟情况明的优势，主动担当起宣传垃圾分类的任务。她带领静慎村“六老”宣讲团的成员，走村串户、到组到屋场进行宣传，静慎村的每一个弯头角落，都留下了她宣传、劝导和督促开展垃圾干湿分类的足迹。在静慎村美丽乡村建设工作中，她上门入户向群众宣讲党的各项农村政策，奉献余热，是一名永不言歇的宣讲者。

静慎村成立以老党员、老模范、老代表、老士兵、老教师、老农民为主体的“六老”宣讲团，并切实发挥“六老”宣讲团的积极作用，让他们余热生辉。“六老”宣讲团成员们不停地走村入户，把党的路线方针政策及时向村民宣讲，把村民群众中好的事迹、好的典型、好的建议也及时带上来，加以宣传和弘扬；同时，对各家各户开展的垃圾分类、移风易俗、乡风文明、邻里和谐、安全生产等方面的工作进行点评和督促，他们通过宣讲，改变了很多人，影响了很多家庭，形成了好风气。

通过党员干部带头引领，推动新乡贤带头开展社会主义核心价值观教育，带头开展道德建设实践活动，带头保护和弘扬中华优秀传统文化，实行喜事新办，丧事简办，推行“环保送葬”。全村 60 岁以上老人主动签订了承诺书，承诺生日不做寿，“百年之后”不操办。每年重阳节为高寿老人举办集中寿宴，红白喜事酒席较前三年减少 80%以上，规模、花费减少 60%以上，形成了崇尚文明、勤俭节约的新风尚。

培育文化热土，共筑乡村精神家园

“膏腴易瘠”“筑塘劝俭”“拔簪镇桥”“建桥安子”……乡贤塘畔，精致的展板上精心雕琢的静慎发生的一个个乡贤小故事，让村民们感受到满满的善意就在身边，文明乡风得到弘扬。

“家庭要和气，人要遵纪守法，处理事情要舍得放让，要与别人家搞好关系。”静慎村开展美丽乡村建设，李公桥组村民朱腊云的家是第一户，理应从他家先来。后来由于其他原因没有从他家开始，所以家里人有想法。朱腊云将自己的家人召集起来做工作：“不要斤斤计较，有什么事情要自己处理，不要给村集体添麻烦。”朱腊云与人为善，自己家里起房子要钱用，邻居李少清 2 个小孩读书没学费，找到朱腊云借钱，朱腊云连自己家准备建房的钱都给了他；2000 年正月初三，邻居杨孟良的媳妇余细兰得病要到长沙做手术，因没钱找朱腊云借，他不顾“没出正月不借钱”的习俗，借了 1 500 元给杨孟良，并嘱咐如果少了还来拿点。

“聂家坡修塘，我拿 20 000 元。”“五保户余亚雄由我来照顾。”聂家坡组退伍军人姚新明，自力更生、艰苦创业，经济上取得一定成就之后，他义无反顾坚持回乡发展农业，回报家乡。他看到家乡良好的生态资源之后，决心开发本地特色农产品，带动当地群众走上致富之路。为了解决当地特色农产品运不出去的问题，他回乡之后的第一件事就是修路，耗资 20 多万元将湘阴“0”号碑至聂家坡的村级公路修通；接下来又完善水利基础设施，耗资 16 万多元新建 4 处机台，解决了当地抗旱问题。在解决了基础设施问题之后，姚新明立足于本地特色农产品辣椒种植和红薯种植等，他以传统品种为主，开发出东城生态椒等绿色农产品，价格卖到 100 多元 1 斤。同时，他带动农户将东城生态椒做大做强，为当地农户在产品种植方面提供品种培育、技术指导、保价收购、统一加工、统一销售等服务，使东城生态椒形成一个年产值 2 000 多万元的产业链，种生态椒的农户户均增收 2 万元以上。他热心公益事业，关心贫困户，乐善好施，每年都要扶助贫困户上万元，是当地群众心目中的好人和善人。

“搞美丽乡村建设，推进乡村振兴，要有地方文化，才能记得住乡情，留得住乡愁。”东城中学原校长姚望新，给村上工作出谋划策，挖掘弘扬静慎乡贤文化，为乡贤广场作赋撰联，给群众讲廉政新风，并将静慎乡贤文化融入中学乡土文化教程，有效提升了静慎乡贤文化的影响力。快乐静慎健康协会的余光华，是一名老党员，他发挥余热，每天坚持义务组织村民到乡贤广场开展健身活动，丰富群众文体生活。在为期四天的首届“乡贤文化艺术节”活动中，余光华晚上看守设备、打扫卫生，白天维持秩序、帮扶老小，见事做事，邻里乡亲有口皆碑。

一件件细小的事情，一个个暖心的故事，犹如一阵阵文明新风扑面而来，体现出静慎村良好的乡情民意。

通过组建“党员之家”“学雷锋志愿服务队”“新乡贤理事会”“红白理事会”“环境卫生理事会”“六老宣讲团”“退伍军人抢险队”“兴学堂”“健康快乐静慎协会”等九支队伍，发挥他们的优点，用好他们的长处，培育他们的情怀，走“九贤”治村的路子，使静慎村由一个落后、贫穷、矛盾多发、上访不断的党组织涣散后进村，成功转型为一个全区、全市、全省、全国样板示范村。静慎村的乡贤治村模式已成了一种“新乡贤”文化现象，正是这种新乡贤文化润物无声的滋养，静慎村的社会治理之路才越走越稳，村民群众正乐享新时代的幸福生活。

专家点评

建设美丽乡村是一个系统工程，必须把保护自然生态、改善人居环境放在首位。静慎村通过护生态、优环境、抓扶贫、树新风、兴文化等举措，推进美丽乡村建设，走出了一条乡村治理的新路子，为乡村振兴提供了一个可学习、可借鉴、可复制的样板。

从深度贫困向“富美转型”的蝶变

——新邵县小河村的产业生态化和生态产业化

乡村振兴要在产业生态化和生态产业化上下功夫，继续做强做大有机农产品生产、乡村旅游、休闲农业等产业，搞好非物质文化遗产传承，推动巩固拓展脱贫攻坚成果同乡村全面振兴有效衔接。

——习近平 2022 年 4 月 10 日至 13 日在海南考察时的讲话

邵阳市新邵县坪上镇小河村地处高寒山区，坐落在海拔 1 273.8 米的金龙山北麓峡谷，因一条小河穿村而过而得名，全村区域面积 8 平方千米，户籍人口共 1 055 人。

小河村的盛夏，最高气温不超过 25 ℃。拥有茶马古道、金龙高山、横山峡谷、新老亭子、大瀑布群、无底溶洞等众多景点和古老村落，享有“养生秘谷、小河人家”的美誉，是邵阳市“最美乡风文明村”、湖南省村庄清洁行动先进村、湖南省乡村旅游重点村。

然而，曾经的小河村人居环境既乱又差，进村的公路破烂不堪，村里没有任何产业做支撑，是湖南省省级深度贫困村。

小河村地标

近年来，小河村深入贯彻落实习近平生态文明思想，把创建“国家生态文明建设示范村”确立为首要目标，围绕“好产品、好企业、好基地、好品牌、好市场”的五好标准发展乡村产业，着力打造“居美、净美、富美”的生态宜居美丽村庄，擦亮了“宜居宜游”的小河品牌，走出了一条经济发展和生态保护协同并进的绿色发展之路。

统筹谋划，打造“居美”小河

小河村距离坪上镇大约 12 千米，却有超过 400 米的海拔落差，仅有一条路窄弯急的出村下山通道，村民往返坪上镇需要步行两个小时，人流、物流、资金流、信息流均遭遇堵点断点。小河村在人口破千后，可利用的土地资源变得十分稀缺，水田面积仅一百来亩，当地的山林地被无序开垦，生态环境遭受破坏，人地矛盾十分突出。

2015 年，小河村村民人均年收入仅 2 000 元左右，村级集体经济收入为零，根本无法进行基础设施建设投资。发展思路不清、基础设施落后、经费严重匮乏成为小河村脱贫路上的“拦路虎”。小河村从规划设计起步，开始了自己的转型发展之路。

因地制宜因时而动，做实做细顶层规划设计。2019 年，小河村脱贫攻坚规划设计方案《百草山谷，小河人家》成功启动，该规划立足小河村自身的资源优势，从村庄建设、基础设施、产业项目、乡村旅游等方面量身打造了详细的发展规划。小河村党支部紧扣规划设计的目标任务，扎实推进并逐一落实院落整修、改水改厕、品牌推广等工作，当地基础设施建设、特色产业培育及乡村旅游开发得到同步推进，取得显著成效。

加强民生保障，推进饮用水提质升级工程。往年的小河村每逢雨季，水源地便会变得混浊不堪，对广大村民的饮水安全造成重大威胁；而一到夏秋季节，又面临着天然水源枯竭的严重问题。可以说，解决饮水困难这一当地民生痛点问题，是全体村民的热切期盼，更是发展乡村旅游的关键。为提高群众生活品质，巩固人居环境整治成果，小河村村支两委以开展“三清一改”专项行动为抓手，团结带领广大村民完成了小河村饮用水提质升级工作，保障了颜岭水库水源保护区的水生态环境，彻底解决了当地夏季供水不足的问题，为后续旅游开发奠定了坚实的基础。

夯实发展基础，推动公共服务设施建设。小河村被青山绿水环抱，无处不彰显着浓郁的原生态气息。但因为基础设施建设明显滞后，多年来当地乡村旅游发展十分缓慢。为补齐短板，深挖旅游产业潜力，小河村村支两委坚持人与自然和谐共生的建设理念，在乡村旅游产品开发过程中，充分挖掘文化内涵，注重乡风民俗保护和传统文化回归，既突出了乡土味，又留住了乡村情。当地结合乡村旅游和产业发展的需求，对文化广场进行了改造，并先后建设了多座旅游厕所、休息凉亭以及多家农家乐饭店、特色精品民宿和露营营地。同时，带领村民在村主干道两侧种植了紫荆、红叶石楠等观赏类树木和小黄菊、格桑花等花卉，将村道沿线打造成为一道靓丽风景线。

小河村道路沿线风景

多措并举，打造“净美”小河

建立环境保护全民参与工作机制。小河村依托“星期一夜校”，深入召开村组院落会议，并在会上进行环境卫生宣教及点评工作。同时以“星期五大扫除”为抓手，树牢广大村民保护环境卫生的意识，形成了“人人为我，我为人人”的良好氛围。每月由村监督委员会牵头，组织村干部、保洁员以及村民代表，对全村的公共区域卫生、院落卫生、家庭卫生进行考核打分。此外，小河村还进一步细化了环境卫生门前三包考核细则和保洁员考核机制，保洁员的考核结果将与其薪酬待遇直接挂钩，连续三次排名末位的保洁员将被解聘。对村民的环境卫生考核结果，则纳入村民积分制管理并公示，积分高低将影响村民的年底分红和其他福利待遇。考核机制的有效运用，显著提升了群众的参与度，并带动了外来游客自觉爱护环境卫生，形成了齐心协力共同守护环境卫生的良好氛围。

开展全村环境卫生大整治。小河村村支两委按照网格化分工，带领党员干部、志愿者深入村组各个院落开展全方位、无死角的环境卫生清理整治，不少陈年垃圾得到及时清理，房前屋后杂物得到规整，显著提升了当地的环境卫生水平，村民良好的卫生习惯在经过宣传引导后正开始形成。通过环境卫生集中大整治，全村院落形象焕然一新。在整治行动结束后，小河村村支两委对整治成果进行了交接，未来院落环境卫生的长期治理工作将由各组负责，门前三包将落实到各户。

“厕所革命”助推美丽乡村建设。农村“厕所革命”事关农村千家万户，事关农民切身利益，是建设宜居宜业和美乡村的重要内容。小河村把“厕所革命”与乡村旅游产业发展、加快新型城镇化、深化实施乡村振兴战略紧密结合起来，仔细分析农村户厕存在的突出问题，结合本村实际，因地制宜、精准施策、统筹发展，努力补齐这块影响群众生活品质的短板，确保“厕所革命”惠民项目真正发挥效益。目前，全村卫生厕所的覆盖率已达到100%，巩固了农村人居环境整治三年行动成果。

全力打好畜禽养殖业污染防治攻坚战。“阡陌交通，鸡犬相闻”，曾经是乡村寻常景象，也是伴随村民成长的深刻记忆。然而，随着乡村城镇的发展，由鸡鸭散养造成的臭气弥漫、粪污污染、蚊虫滋生等环境卫生问题日益变得尖锐。小河村从提升人居环境、发展乡村旅游以及改善村容村貌形象的角度出发，找准村庄环境整治与农户鸡鸭饲养活动的结合点，开展了“鸡鸭圈养行动”。不仅彻底改变了“散养鸡鸭处处脏”的环境旧貌，也留住了“鸡犬相闻”的独特乡土气息和乡村韵味。

严格落实禁鞭禁炮工作。此前很长一段时间，小河村村民保留了逢年过节或在红白喜事之际燃放烟花爆竹的习俗。鞭炮的声声炸响带来的不仅是金钱的无谓浪费，更会破坏环境卫生，引发各类安全事故。小河村村支两委始终坚持“我以红心换民心”的工作思路，结合“五个到户”走访活动，深入群众家中走访宣传，晓之以理、动之以情，号召全村村民自觉遵守政府禁鞭禁炮规定，进一步筑牢了村民“禁放”思想防线。如今，小河村真正实现了“零炸响”，全村禁鞭禁炮工作取得了显著成效。

新邵县委书记参加小河村院落会议

产业引领，打造“富美”小河

打通拓宽乡村“振兴路”。路是农村的命脉，路通了，农村才能振兴。为了方便村民出行、旅客游玩、物流运输，更为了彻底打通坪上镇绿色康养旅游环线，进一步厚植小河村乡村产业发展潜力，自 2021 年起，小河村村支两委以“逢山开路，遇水架桥”的担当作为，全力推进小河村至长寿清水村的森林防火通道建设，实现了村组道路硬化，努力打造出了一条风景路、绿色路、致富路，解决了长久以来困扰小河村村民的出行难问题。因为进山道路更便捷、更畅通，越来越多的外地游客开始前来小河村听山溪鸣佩，观云卷云舒，品地道美食。

致力发展乡村特色农副产业。小河村地处原宝庆府茶马古道上，村内群山环抱，野生茶资源十分丰富。经多方研究论证后，小河村村支两委在国家电网湖南省电力公司的帮助下，采用“村集体＋合作社＋村民”的模式建设了扶贫车间，成立了金小河特色种养合作社。由村集体牵头，统一管理开发野生茶树资源，创立了具有当地特色的小河野生茶。为进一步改良制茶工艺，提升小河野生茶品质和市场核心竞争力，村支部书记自掏腰包赴福建、江西、湖南安化等地学习专业制茶技术。学成归来后将所学工艺与当地古法制茶技艺相融合，制作出新一代小河野生红茶，同时注册了“老山凼”小河野生茶商标，并通过全国食品质量检测和欧盟认证。现在，小河野生茶不仅获得了广大消费者的认可，还被列入国家民委外事专用礼品名单。小河野生茶产业的蓬勃发展，让小河村村民真正实现了在家门口生产“得现金”、务工“挣薪金”、入股“分红金”、土地流转“获租金”。此外，小河村村支两委还依托小河村独特的地理环境和气候条件，大力发展食用菌产业，当地生产的小河高山黑木耳成功通过国家专业机构检测认证，其口感和品质也得到了广大消费者的一致好评，堪称“黑色瑰宝”，成为享誉全国的“拳头”农产品。

纵深推进乡村特色旅游。一分耕耘，一分收获，小河村的“颜值”不断提高，“诗和远方”的内涵不断丰富，吸引了越来越多的游客前往小河村享田园山水、赏花卉绿植、观浪漫星空、品农家土菜。小河腊肉、魔芋豆腐、红薯酒、蜂蜜以及高山有机蔬菜等系列特色美食，成为助力村民增收的重要产品。与此同时，小河村还集中连片种植了上百亩黄桃树，打造了“百亩桃园”旅游招牌。每年四月份，桃花盛开的美景让远方的客人们流连忘返，仿佛置身在“人间仙境”。2019—2020年，小河村先后举办了“魅力小河·情系精准扶贫”登山节、第一届星空帐篷露营节等活动。2021年5月，小河村秉持“立足自身，秉承天然”的发展理念，制定了《“养生秘谷·小河人家”乡村振兴发展规划》，将产业发展和旅游开发同保护环境、保存原貌结合起来。打造了金龙山穿越、金龙山瀑布群两条精品徒步线路，旅游品质不断提升，小河“养生游”品牌不断优化升级，实现了脱贫攻坚成果同乡村全面振兴的有效衔接。

小河村春冬美景

专家点评

过去，小河村以传统农业为主，因交通不便、产业单一，当地村民守着好山好水过着穷日子，属于省级深度贫困村。近年来，小河村打通绿水青山和金山银山的双向转换通道，以生态优势赋能乡村振兴，探索出了一条“资源变资产、资金变股金、绿叶变金叶、青山变金山”的致富之路。有了优美生态环境的加持，富有地方特色的农副产品、乡村旅游等产业成为小河村经济新增长极，当地村民吃上了“生态饭”，摘掉了“穷帽子”。

小河村的实践经验告诉我们，深入分析自身资源优势，找准产业发展定位，注重生态产品价值的转化和实现，最终一定能走上生产发达、生活美好、生态平衡、绿色永续的康庄大道。

美了茶乡　富了百姓

——长沙县金井镇建设特色小镇的探索

绿水青山就是金山银山，改善生态环境就是发展生产力。良好生态本身蕴含着无穷的经济价值，能够源源不断创造综合效益，实现经济社会可持续发展。

——习近平 2019 年 4 月 28 日在中国北京世界园艺博览会开幕式上的讲话

白墙黑瓦沥青路，宅前屋后绿意浓，清水池塘碧波闪……走进湖南长沙县茶乡小镇金井镇，目之所及是宽敞平坦的村庄道路、错落有致的民居，水满田畴，林翠菜丰，俨然一幅“人在景中，景映波中”的美丽乡村画卷。

“人行步道是亲水道，更是绿道，茶余饭后大伙儿都爱来这散步。”家住金井社区金井河旁的居民由衷地感叹。新建的游步道、风雨连廊、溪水汀步等组成沿河景观风光带，居民们或坐在木凳上休息，或结伴散步，或在亲水平台上活动筋骨，一派宜人舒适的景象。

金井镇：一幅乡村振兴的美好画卷

污染，曾让美丽的茶乡污垢满面

水润万物，是生命之源。如今长沙县金井镇成为远近知名的“茶乡小镇”，茶香飘万里，源于金井河一溪清水。然而，金井河也曾在粗放式发展中失去了美丽的容颜。金井镇石井村干部罗梓阳回忆道，原来村子里的小溪清澈见底，小时候还可以有“摸鱼捞虾的时光”。但随着日子渐渐红火，家里富起来了，门前河水却变臭了。“最严重时，从水边经过都能闻到臭味。”说起那时情形，罗梓阳直摇头。“洗澡、洗衣的污水、鸭棚鸡圈里的粪污都直接排到河道沟渠里。”

金井镇农业农村办主任曾立祥介绍，小微水体的污染，不仅影响生活用水、农田灌溉，更影响村容村貌和群众的健康。污水收集处理设施欠缺，种植养殖散乱，面源污染较重，治理农村水体污染成了必须攻克的难题、必须补齐的短板。

治理，让蒙垢的茶乡水清岸美

污染严重制约着金井镇的发展，影响着人们对美好生活的追求。治理污染、美化环境是百姓的呼声，也是金井镇党委政府的坚强决心和快速行动。

治理全覆盖，共建河畅水清。据现场调查，金井河亟须解决的问题在于水质污染、河道淤堵、水资源管理三个方面，从结果溯源寻求解决办法。金井镇针对镇域内农业污染、养殖业排污进行专项整治。测土配方施肥、治理式休耕两项工作，让金井镇完成种植结构调整千余亩。

全镇对重金属污染耕地实行修复治理，推广早稻低镉品种，提倡使用有机肥，以解决农业生产造成的水质污染问题。

针对养殖业污染问题，金井镇安排专人对金井社区、惠农村两个养猪大村实行地毯式排查，对一些污染严重、群众反映强烈的养殖户一经发现，便立即督促限期整改。

金井镇在金井河沿线以“民办公助”模式，展开节水灌溉项目建设。打造取水泵站 25 个，新建高效节水灌溉区 5 000 余亩，给沿岸居民的生产生活带来了诸多便利。“以前我们这里的农田灌水要到金井河引水，比较麻烦。现在有了这些水泵站，用水就方便多了，而且也更加省水。”家住王梓园村的范正刚放下手中的锄头，欣慰地说道。据悉，金井镇节水灌溉项目全部完成后，项目片区余水量将达 185.56 万立方米，从而可提升农作物产量，促进农业产业结构调整，推动现代高效农业发展。

管理全方位，打造岸绿景美。为加大河流生态环境保护力度，金井镇全面实行河长制，目前共有 6 位镇级河长、14 位村级河长，共同管辖金井镇域内的各大小河流。在人口相对集中，由金龙村河背屋组、竹叶坡组、新晓园组构成的石壁湖公园开展生活污水集中处理试点，在长沙县率先建成人工湿地生活污水集中处理系统，并于 2022 年开始运行。约 250 平方米的人工湿地，种满了风车草、鸢尾等吸收能力强的绿色植物，植物下面铺有石英砂、活性炭等物质，远远望去犹如一个绿意盎然的小花园。“湿地被誉为‘地球之肾’，用人工湿地处理污水就像给这个公园安装了一个‘生态肾’。”

在人工湿地的出水口可以看到，净化后的清水汩汩流出，经过灌溉渠，一直流向数百米外的九溪河下游——金井河。从

“水里的问题”找出岸上的“根”。长沙县进行污染排放口的封堵，生活污水全面纳管，然后再做“水里的文章”。通过控源截污，水岸联动，门前的小河又回到从前状态。“住在清澈的水边，才是幸福生活的味道。”附近居民一语道出清清水流里的乡恋。

近年来，聚焦治水、护水、增水，统筹推进增水、增景、增收，让净起来、美起来的水成为美学经济的最佳载体，让一条条河湖生态线变成长沙县的“致富线”。金龙村将包括金井河在内的数十个大小河湖水塘清淤贯通，堤岸整治绿化美化，过去村民“望水愁”，如今吃上“生态饭”。

多部门联合执法，保护水源地。金井镇龙华水库和螃蟹洞水库属于长沙县5处“千吨万人”级饮用水源地中的其中2处，作为一级饮用水源地，2座水库白天偷钓鱼、网鱼现象基本得到杜绝，但夜间偷钓鱼、网鱼的情况仍然时有发生。为进一步加大水源地管控工作力度，金井镇加大巡逻及执法力度，严厉打击违法出入龙华水库和螃蟹洞水库从事偷钓鱼、网鱼者，维护饮用水源地安全稳定。

金井镇域内主要有金井河、金脱河、丰花河、青山河和农裕河等河流。目前，“一河一档”和“一河一策”（2021—2023年度）编制工作已经全部完成。并全面开展“春霆”“夏箭”行动，先后进行了10余次联合执法检查行动，严禁河堤内采沙挖沙，河堤上乱堆乱占，清理僵尸船3艘。开展水环境动态监测，建立水质恶化倒查、污染源来源追溯机制，同时不断拓宽公众参与渠道，建立公众监督评价机制，及时处理涉及河道环境投诉，快速控制负面舆情。开展多部门联合执法，扎实推进防范化解重大生态环境风险“利剑”行动，做好重点湖库蓝藻水华防控，开展大气污染隐患整治，重点做好饮用水水源保护区污染防治监督管理，强化对饮用水水源地的日常管理，定期进行巡查、管护；主要检查在饮用水水源保护区内是否存在排污口、违法建设项目、违法畜禽养殖、水产养殖、倾倒垃圾、游泳垂钓等问题，防止水源地环境污染事故发生，确保饮用水水源保护区内生态环境安全，保障群众的饮用水水源地水质安全。

提质升级后的金井河金井镇段

创新，让发展的茶乡生机勃勃

在新时代的“赶考路”上，金井镇如明珠般在长沙县北部城镇中闪耀，用全国千强镇、全国文明镇、全国卫生镇、全国乡村特色产业十亿元镇、全国重点镇等七项国字号荣誉，交付了一张亮眼的答卷。金井镇的成功，在于他们既脚踏实地，又勇于创新，创造性地走出一条适合自身发展的乡村振兴之路。

长沙县金井镇万亩茶园，茶垄一片绿悠长

深耕“绿色”经济，发扬茶产业优势。“一片叶子，成就了一个产业，富裕了一方百姓。”习近平总书记曾经这样评价茶产业。金井镇坐拥十里湖面、百年古井、千年古寺、万亩茶园，是国家级生态镇、湖南省茶叶专业乡镇，气候温和、雨量充沛，金井镇是理想的优质茶叶产地，一场春雨过后，漫山遍野的茶园里生机盎然。有人说“清和金井”的绿茶产业是一树春日“三叶三芽”的茶叶，生机勃发。

千百年来，金井镇与茶有着千丝万缕的联系。因此，政府坚持以茶为媒，以金井茶业、湘丰集团为龙头，不断擦亮长沙绿茶品牌。金井茶文化与湖湘文化相互渗透，悠久的茶文化历史使该地成为著名的“茶乡小镇”，绿茶制作技艺已被列入省级非物质文化遗产名录。如今，金井茶不仅保持传统特色，有机种植，更实现了机械化、智能化，形成了茶旅融合特色产业化之路。围绕“绿茶小镇”的核心定位，大力发展特色产业，推进农旅融合、茶旅融合。连续举办 8 届的长沙（国际）茶文化旅游节，已经成为长沙茶产业的一张名片。近年来，金井镇坚持以茶为媒、以节会友，发展茶文化，打造茶经济，让农文旅融合成为带动乡村振兴的内生动力。目前金井镇茶园面积稳定在 3 万亩以上，综合产值 16 亿元。

厚植“红色”沃土，激活红色人文资源。金井镇这片红色热土是长沙县唯一的革命老区。曾走出了杨立三、刘英、吴文炳等众多杰出的共产党人，诞生了诸多可歌可泣的英雄儿女。长沙县在册的烈士共 867 名，其中金井镇就有 423 名，长沙县革命烈士陵园也坐落于此。2019 年 9 月，修缮后的杨立三故居正式对外开放，2021 年 1 月 29 日，杨立三故居正式授牌为“湖南省全民国防教育基地”。截至今年 10 月，杨立三故居共计接待游客 16 万余人次。未来将修缮完成的刘英故居与杨立三故居、长沙县烈士陵园串联成线，打造集群式的金井红色旅游教育基地，推动金井全域旅游的发展，成为金井镇又一个旅游经济增长点。

红色“文化游”＋绿色“生态游”也是金井镇一条鲜明的文旅发展之路。穿过干净的村道，聆听溪流轻淌的声音，眺望不远处的白墙黛瓦、屋舍错落，游客们在感受自然美景的同时也能接受红色教育的洗礼。金井镇紧紧围绕发展美学经济的思路，充分挖掘红色文化资源的经济价值，将杨立三故居、长沙县烈士陵园等红色文化阵地，与秀美茶园、生态农庄等绿色风光紧密结合，拓展延伸红色文化乡村产业链，致力于率先打造全面乡村振兴示范标杆和农文旅融合示范镇。

擦亮“金色”招牌，拓展农文旅新业态。金井镇定位为长沙市周边都市休闲度假区、长沙县北部旅游集散地，紧扣茶、虎文化核心主题，打造长沙县首个以茶虎文化场景体验为主题的旅游景区，不断探索“农业＋文化＋旅游”一体发展模式，以文塑旅、以旅彰文，突出保护生态和彰显文化两大特色，推动农文旅深度融合发展。以茶产业为核心，充分发挥生态资源优势，把茶产业发展与文化旅游产业相结合，推出了茶馆品香茗、小院食茶餐、民宿藏茶田的旅游线路，一幅幅悠然自得的“茶香引客来”的美丽画卷在金井大地上徐徐展开。

一业兴，百业旺。万亩新绿的茶园、威风凛凛的老虎、安乐祥和的田园生活、熠熠生辉的红色文化……随着长沙县全域旅游不断发展，特别是自金井镇湖南绿茶文化新城项目开展以来，当地可供游客体验的新业态和新产品越来越多，金井旅游的黏性也越来越强。结合本地文旅资源，将“农产品”转化为

“旅游产品”，大力发展有机农业种植、农耕文化体验、天空自由飞翔等产业；打造“长沙绿茶”等农特产品，成为城市优质农产品供给基地和放松体验场所，有效地促进了当地农户增收。未来金井镇将以“茶”为基础，以“旅”为融合，以“文”为内涵，以“康”为延伸，全面发展生态旅游、康养旅游、主题娱乐、健身休闲等业态，大力发展乡村夜间经济，在“美环境”的同时，努力做好“兴产业”文章，积极探索共同富裕的实现路径，推动乡村旅游产业转型升级，奋力实现“富口袋”“富脑袋”兴农目标。

市民在金井镇万亩茶园骑行，乐享悠闲生活

专家点评

生态强则农业强，农业兴促文旅兴。通过持续复苏河湖生态环境，金井镇打出了一套“组合拳”：推进水安全与自然环境相融合、水景观与乡村振兴相融合、水生态与水文化、人文历史相融合，不仅解决了金井河此前存在的水质污染等问题，还催生因生态好而蓬勃发展的“茶经济”“红色经济”“农文旅产业链”。

挥洒“三全”笔墨　绘就富美画卷

——浏阳市中和镇打造美丽经济的生动实践

生态环境优势转化为生态农业、生态工业、生态旅游等生态经济的优势，那么绿水青山也就变成了金山银山。

——习近平《之江新语》

飞檐翘角，青瓦白墙。俊鸟啁啾，蛙鸣虫唱。阳谷河畔，晨曦耀彩。徜徉在浏阳市中和镇集镇上，呈现在眼前的是宽阔平整的街路、充满客家风情的楼房、设计别致的沿河风光带……入目皆画卷，一步看一景。群山环抱下，一幅欣欣向荣的新农村画卷正在眼前徐徐展开。

浏阳市中和镇是胡耀邦同志的故乡、秋收起义的重要策源地，有着丰富的红色文化资源。同时，中和镇地处半山区，西北和东南山峦起伏，绿色生态资源丰富。过去，中和镇受地理位置和人口输出影响，经济发展滞后，红色资源和绿色资源未能得到充分的开发和利用。

近年来，中和镇坚持生态优先、绿色发展，做好“红色+绿色”结合文章，坚持全景提质、全域监管、全业联动，将红色基因、生态美景转换为美丽经济，中和镇获评国家级卫生乡

中和胡耀邦故居陈列馆

镇、长沙市生态文明建设示范镇、长沙市健康乡镇、长沙市人居环境优秀乡镇等荣誉。

坚持“全景提质”，让乡村环境“美起来”

多措并举，推进农村环境整治。进行综合整治，改善农村人居环境，既是乡村振兴的重要任务，也是提升人民群众幸福感获得感的必要举措。自 2018 年起，中和镇分步实施治厕、治水、治房、治垃圾、治风气等“五治”行动，取得明显成效。

坚持“先建机制、后建工程”，以点到面进行厕所改造和治理。全面推行“首厕过关制”，所有厕所均比照“首厕”改建。2021 年 7 月 20 日，中和镇苍坊村水口组村民叶绍乾家成了苍坊村第一个进行改厕的家庭，看着焕然一新的厕所，叶绍乾满心欢喜。目前，中和镇卫生厕所普及率达到 100％。

突出在“建、运、维”等关键环节发力，推行农村生活垃圾分类减量。利用村村响与电子屏进行宣传、现场进行有奖问答互动、保洁员上门指导等多种方式，强化村民垃圾分类减量意识和行为。中和镇创建长沙市生活垃圾分类减量示范村 7 个，实现示范村覆盖率 100％。

加强水资源保护，建立“河长＋河道保洁员”机制，将 9 条河流、4 处小微水体全部纳入河长制责任体系，确保全方位监管。加强污水处理，建成乡镇污水处理厂，生活污水处理效率保持在 96％以上。建立健全畜禽养殖场动态监管体系，镇域南川河流域 500 米范围内规模畜禽养殖全面退出。

按照“科学适宜、量体裁衣”的原则，科学划定生产、生活、生态空间，完成全镇 7 个村规划编制工作，引导农民科学选址建房、节约集约用地。

全镇各行政村将农村人居环境整治、移风易俗、文明新风等相关内容写进村规民约，制作并发放了《移风易俗树新风》宣传折页，推出“文明祭祀，绿色清明”微信 H5 倡议书，在全镇范围内进行广泛宣传，“移风易俗、文明风尚”的观念深入人心。

强基补弱，加强基础设施建设。2021 年，中和镇全面启动了人行道改造、集镇亮化、安置区建设等一系列民生项目，改造苍雅路、春风路和祠堂路，更换四季常青的桂花树 55 株，安装路灯 72 盏，改造强弱电线路 2 000 余米。点亮的是路灯，温暖的是人心。从此，中和集镇真正实现四季有花香，出行更安全，天空更美。

考虑到学生的出行安全，镇政府还在耀邦中学前铺设了一条几百米长的人行道，苍坊村新屋组更是为孩子们让出了附近的菜地用于建设人行道。同时，为满足 16 户征拆居民的安置需求，还将集镇入口处与生态停车场附近的土地开发用于建设安置区。

“拆迁户享受到了 5A 景区创建和征地拆迁带来的双重红利，现红绿灯安置区主体建筑已经完成，内部装饰装修正在施工，外立面的设计与集镇整体风格保持协调一致。”中和镇相关负责人介绍。基础设施的不断完善极大改善了村民的居住环境，中和集镇得以破茧成蝶、振翅高飞。

中和镇摇钱湾健康骑行道

集镇改造，镇馆规划融合统一。2021 年，中和镇将集镇两旁的房屋进行了立面改造，倾力打造客家小镇风貌。“我们在墙面贴上了仿古砖，新建了屋檐和走廊，在节点位置修建马头墙错开街道空间等，改造后整个街区色调实现和谐统一、富有生机。”施工人员表示。围墙上还画上了极具特色的墙体画，风吹麦浪、菡萏摇曳、翠鸟垂柳以及“红色苍坊、魅力中和”的标语，在赏心悦目的同时也向游客展现出了热情好客的中和形象。

除了下足“绣花”功夫对集镇风貌进行“精细化”改造外，中和镇还着力于实现景区和集镇的融合统一。阳谷河沿河风光带的打造让整个集镇融入景区，护坡上摆出的“星耀中和"、孔家桥桥下的"梅兰竹菊"景墙和被景烈白兰、茶梅、法国冬青点缀的沿河游步道，在40多天的集中攻坚下，阳谷河两岸向"阳"而生，实现"华丽变身"，成为新的打卡点。

坚持"全域监管"，让长效保护"强起来"

强化日常监管。中和镇坚持"生态优先、绿色发展"，把生态环保作为一道"硬杠杠"，镇党委书记全面领导和落实全镇改善生态环境相关工作，严格落实"河长制""林长制""田长制"，加强源头风险防控，建立完善网格化环境监管体系，专门成立生态环境保护委员会，配备45名人员，统筹开展护河、护林、护山等工作。多部门联合行动，严厉打击超载及货物抛撒和秸秆焚烧行为，推动污染养殖户退出，对清江水库、株树桥水库源头、中和镇小江河饮用水源地保护区、单村饮水工程等重点水资源保护区强化日常巡查，定期开展企业排气排水监督检查，守好了一方蓝天碧水。

聚焦智慧监管。乡镇一级监管缺乏科学手段，有效实现动态监管一直是难题。中和镇运用智慧手段，完善日常巡查方式方法，借助无人机、智慧监测系统等科技手段提高监管效率，推动生态环保工作持续稳固发展。同时，用好用活市级生态环保智慧平台，在乡镇河流断面交界处、重点企业等设置在线监测设备，纳入市级智慧平台，实现24小时实时监控监管。

突出全民监管。中和镇以村规民约为抓手，大力开展"五进"等宣传活动，努力构建全民参与生态文明建设大格局。

做实“村民代表联系服务群众”工作，将域内7个村分划为60个大片区，固定管理人员，发挥366名村民代表力量，进行日常监管巡查，有效夯实了环保监管基础。持续开展“红耀中和”党建提质行动，全镇38个党支部全面开展“村头事村头述，邻里情邻里评”屋场会活动，将生态环境宣传送入家家户户，并将环保工作纳入党支部每月交流内容。截至目前，解决群众生态环保领域问题10余个，形成“全民参与、社会共治”的良好氛围。

坚持“全业联动”，让融合发展“兴起来”

坚持“生态＋工业”，传统行业脱胎换骨。让传统产业向着绿色产业大步迈进，毫不动摇推进花炮企业转型升级，以安全、环保、创新发展为目标，支持企业通过创新设计，优化产品外观、结构和功能，加快自主品牌培育，力争在砂炮、电光花、鞭炮等小产品上培育“独角兽”企业。

坚持“生态＋农旅”，特色产业欣欣向荣。发挥自身的特色和优势，坚持“一村一品”，全力优化业态布局，着力培育乡村游、文化游、康养游等新业态，精心打造以红色研学游、乡村体验游、生态度假游、运动休闲游等为主题的特色文旅线路，培育苍坊大闸蟹、荷花小龙虾、水果玉米和火龙果、雅山黄金梨、中和罗氏虾、江河台湾泥鳅、清江八月瓜等特色种养产业，打造“吃住行，游购娱”一体的“生态＋农旅”融合示范镇。

其中，颇具特色的是中和镇的荷塘经济。每逢盛夏时节，位于中和镇苍坊村境内的荷花博览园，200 多亩荷花竞相开放，富家湾屋场内游人如织。游客来赏花、采莲，新鲜莲蓬 2 元钱一个，一亩荷塘仅卖莲蓬就能有两三千元收入。当地村民还加工生产藕粉、荷叶茶等产品，也受到游客青睐。2019 年起，村里开始在小范围内的荷塘里“试水”养鱼。“荷花可以给鱼提供遮阴的地方，塘里的微生物是鱼爱吃的天然饲料，鱼的粪便又可以给荷花提供肥料。”苍坊村相关负责人说。村民有了信心，目前已把“荷鱼套养”模式扩大到了 100 亩，放养了数万尾草鱼苗、鲤鱼苗。2020 年年初，依托“荷塘经济”，苍坊村又引进了大闸蟹养殖项目。“去年产出 1 万多斤大闸蟹，非常抢手。”养殖合伙人叶光明说。今年规模扩大到 110 亩，蟹苗放得更早，如今长势很好，预计 9 月就能上市，肯定又是一个

中和镇苍坊村荷塘经济

丰收年。一亩荷塘仅莲蓬就能带来两三千元的收入；一池荷花鱼有了品牌之后身价倍增；一塘荷花催生了一方民宿经济……

依托各村资源优势，全镇村级集体经济总收入达 351.21 万元，年收入超 50 万元的村增至 3 个；苍坊村超 150 万元，实现“百万元村”零的突破，一批产业强、环境美、品牌响的特色村庄和小镇正逐步形成，激活了乡村振兴的内生动力，入选省级乡村振兴示范乡镇创建名单。

坚持“生态＋文化”，红色底蕴深入人心。山清水秀、人杰地灵的中和镇苍坊村是胡耀邦同志的出生地。每年来胡耀邦同志纪念馆参观的游客已突破 200 万人次，他们成为带热周边产业、促进当地经济发展的庞大消费群体。景区所在的苍坊村作为中组部推动组织振兴、建设红色美丽村庄的试点单位，以继承发扬红色革命精神为核心，整合资源，建设“一路、两馆、三区、四带”，打造了一条素质拓展、研学教育、农耕体验、山地旅游、集体产业配合发展的红色文化经济带。

中和镇建设了耀邦故里中小学生研学实践教育营地，以“景区＋镇（村）＋公司＋农户”的模式运营，规划了“农耕文化体验区”“民俗文化体验区”“红色文化体验区”三个研学实践教学区；致力于打造“学耀邦精神、课堂在田野、吃住在农家”的沉浸式场景，是融讲授式、研讨式、模拟式、体验式等多种教学方法于一体的红色研学实践教育营地。中和镇苍坊村还获评“全国红色美丽村庄”。

中和镇集镇风光

同时，为进一步加大红色文化传承，中和镇组织精心创作展现胡耀邦的革命精神、工作作风与优秀品格的情景剧《人民的怀念》，大型实景演出《耀邦兄弟》，着力擦亮“耀邦故里党旗扬”“星耀中和”等特色品牌，常态化开展“百年党史百人讲”大宣讲，让红色文化成为靓丽风景线。

中和镇始终坚定不移践行习近平生态文明思想，坚持“红色为魂、绿色为底”，推动全镇红色文化大力持续传承、生态资源合理高效利用、生态环境质量持续改善，实现了“林深路隘苔滑”向“林丰路畅粮丰”的精彩蝶变，让红色故土和绿水青山真正变成“金山银山”，绘就一幅幸福乡村新画卷。

专家点评

很多革命老区地处偏僻、交通不便，没有区位优势，但风景优美、生态良好，有着很好的红色资源和绿色资源。如何用好用活资源，做好“红色＋绿色”结合文章，把经济发展起来，是不少老区共同面临的课题。中和镇在这方面做了积极探索，他们坚持全景提质、全域监管、全业联动，将资源优势转化为发展优势，积累了经验、形成了样板。

生态环境治理

“三线一单”助推建设高品质生态环境

——构建高标准生态环境分区管控体系的湖南实践

要加快划定并严守生态保护红线、环境质量底线、资源利用上线三条红线。“对突破三条红线、仍然沿用粗放增长模式、吃祖宗饭砸子孙碗的事，绝对不能再干，绝对不允许再干。”

——习近平 2018 年 5 月 18 日在全国生态环境保护大会上的讲话

“三线一单”，就是将生态保护红线、环境质量底线、资源利用上线的生态环境管控要求，以生态环境准入清单的方式，落实到各个环境管控单元，形成生态环境分区管控体系。

这是我国首次以空间管控的方式来提高生态环境保护科学管理的水平，将有力推动生态文明建设迈上新台阶，开创美丽中国建设新局面。

在“三线一单”严格管控下的城市绿心中央公园

可以说，“三线一单”实施的效果如何，关系到生态环境保护的成效和质量，关系到经济社会发展的成效和质量，关系到我们每个人头顶的蓝天、脚踏的土地，关系到我们的衣食住行，也关系到我们的子孙后代。

湖南省结合区域地理特征、生态环境状况和经济发展形势，以“三线一单”为核心，在全国率先构建了符合湖南实际的生态环境分区管控体系。这个成果在优化生态环境保护空间格局、服务地方经济高质量发展、推进生态环境高水平保护、支撑生态环境精细化管理、推动减污降碳协同增效、强化“两高”行业源头管控方面起到了良好的保障作用。

绝对不能突破的三条红线

习近平总书记强调：“对突破三条红线、仍然沿用粗放增长模式、吃祖宗饭砸子孙碗的事，绝对不能再干，绝对不允许再干。”

在生态保护红线方面，要建立严格的管控体系，实现一条红线管控重要生态空间，确保生态功能不降低、面积不减少、性质不改变。

在环境质量底线方面，将生态环境质量只能更好、不能变坏作为底线，并在此基础上不断改善；对生态破坏严重、环境质量恶化的区域必须严肃问责。

在资源利用上线方面，不仅要考虑人类和当代的需要，也要考虑大自然和后人的需要，把握好自然资源开发利用的度，不要突破自然资源承载能力。

生态保护红线、环境质量底线、资源利用上线这“三线”，是画框子，明确生态环境保护的边界和底线，衔接资源开发利用的上线，框住空间利用格局和开发强度，明确生态环境保护与资源利用的“底板”和“天花板”。

生态环境准入清单这“一单”，是定规则，规范开发行为，确定活动性质和规模，通过准入清单确定一个地方在生态环境资源约束下能干什么、不能干什么。

在持续推进生态文明体系建设的背景下，建立以“三线一单”为核心的生态环境分区管控体系，是我国生态文明理论创新、实践创新和制度创新的重要一环，是实现生态环境治理体系和治理能力现代化的重要举措，是强化国土空间规划、推进绿色高质量发展的重要抓手，是提高我国生态环境保护管理水平的有效途径。

“十三五”时期，湖南省生态环境保护工作取得了显著成效。但总体看来，我省生态环境保护的结构性、根源性、趋势性压力尚未根本缓解。高标准建立与新时代经济高质量发展和生态环境高水平保护相适应的生态环境分区管控体系迫在眉睫。

构建湖南特色的“三线一单”

2017 年 11 月，作为长江经济带沿线 11 省份的湖南省和青海省，被生态环境部列为首批试点，率先开展“三线一单”生态环境分区管控体系的编制及其成果的落地应用研究。

2018 年 4 月 25 日，习近平总书记考察岳阳，首次提出“守护好一江碧水”，向长江流域发出了生态优先、绿色发展的动员令，开启了长江保护与发展的新时代。从此，“守护好一江碧水”成为生态文明建设的主要任务、核心内涵与生动表达。

殷殷嘱托，责任如山。长江流经湖南，蜿蜒 163 千米。湖南如何担首倡地之责、彰首倡地之为？作为“三线一单”试点省份，湖南又一次迎来创新和挑战的机会。

2018 年 4 月 25 日，习近平总书记考察岳阳，首次提出“守护好一江碧水”，开启了长江保护与发展的新时代

（一）生态环境分区管控体系：以管控单元为载体，全域覆盖

紧紧围绕“守护好一江碧水”、全面落实“三高四新”战略定位和使命任务、聚焦建设全域美丽大花园和打赢打好污染防治攻坚战的总要求，构建以环境管控单元为载体的生态环境管控分区。

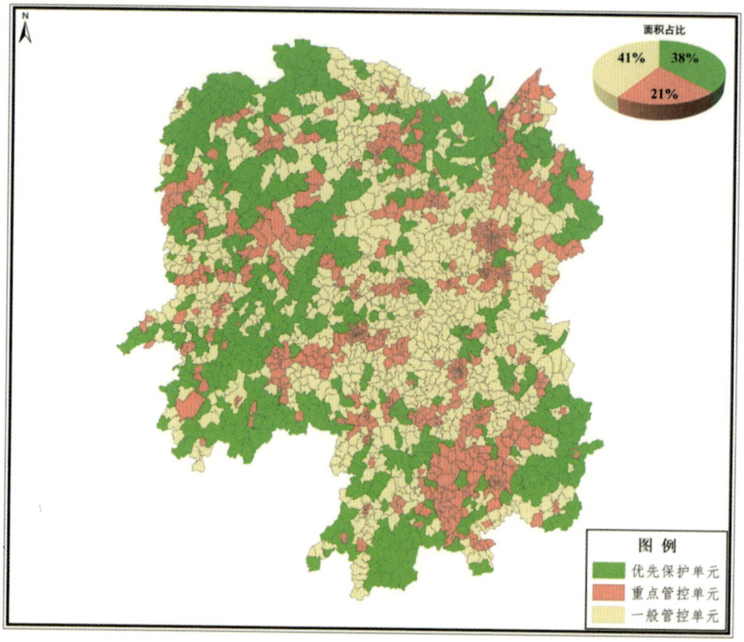

湖南省环境管控单元分类示意图

将全省21.18万平方千米土地划分为860个环境管控单元，按照优先、重点、一般三类管控单元实施差异化管理。其中：优先保护单元253个，重点管控单元358个（其中含全省144个省级以上产业园区），一般管控单元249个。

对253个优先保护单元，依法禁止或限制大规模、高强度的工业和城镇建设，在功能受损的优先保护单元优先开展生态保护修复活动，恢复生态系统服务功能。

对358个重点管控单元，从优化空间布局，加强污染物排放控制和环境风险防控，不断提升资源利用效率，解决生态环境质量不达标、生态环境风险高等问题方面提出相应管控要求。

对249个一般管控单元，主要落实生态环境保护基本要求。

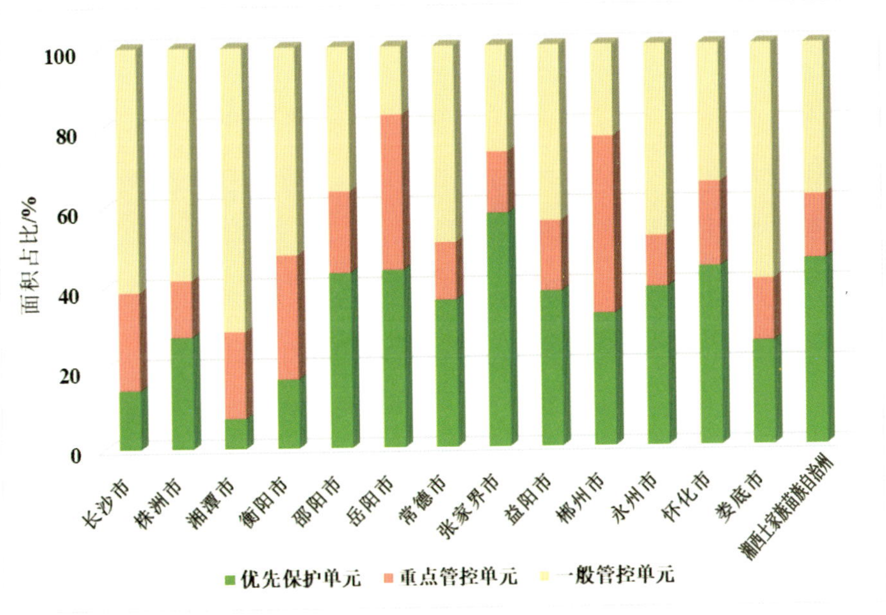

湖南省环境管控单元分类面积占比图

（二）塔形生态环境准入清单：实现差异化准入，精细化管控

按照区域、流域和地块具体属性，以改善生态环境质量为核心，以目标和问题为导向，把生态环境保护的规矩立在前面，通过集成化、空间化、清单化管理，将过去分散的、不明确的、不能落地的管控要求集成起来，落实到具体的环境管控单元。

根据湖南14个市州和“长株潭、洞庭湖、湘南、大湘西”4大区域经济板块的特点，构建了“1+4+14+860”分区分级的塔形生态环境准入清单管控体系。清单针对省、市、产业园区、区县等不同层面关注的生态环境质量、区域发展定位、产业发展规划等问题，实行差异化准入，精细化管控。在保障长江湖南段和全省“一湖三山四水”生态安全格局的前提下，促进区域发挥优势、协调发展。

生态环境准入清单是“三线”目标落地的“出口”，其科学性和适用性决定着管理目标的实现。湖南在12个试点省份中，率先构建了思路清晰、独具特色、针对性强的“1＋4＋14＋N(860)”的塔形清单体系，并成为全国范围内首个发布园区生态环境准入清单的省份，实现了清单的落地应用，有关经验在各省“1＋N＋M＋…”的清单体系构架落地中得到应用，为各地加快“三线一单”成果编制发布发挥了重要的示范指导作用。

（三）构建信息平台：成果数据三级共享，智能化应用

在已有“三线一单”成果的基础上，湖南省建立了统一的“三线一单”数据管理应用平台，实现了成果信息化应用和省市县三级共享共用。

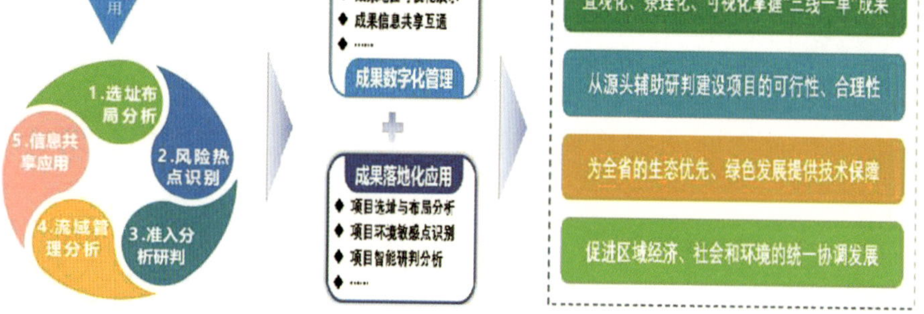

湖南省“三线一单”信息管理落地应用特点示意图

“三线一单”信息管理平台是湖南省大数据系统中的一个应用管理模块，采用图标、文字、GIS 地图、统计图等多种形式，“三线一单”生态环境分区管控成果中的环境管控单元、环境质量底线和资源利用上线等各要素成果数据及生态环境准入清单实现了图形化、直观化展示，并支持横通纵达、内部贯通的数据交互展现。

信息管理平台应用“三线一单”成果数据针对点、线、面等不同项目类型实现了选址与布局分析；通过自动识别项目所在地周边的环境质量实时监测数据、污染源监管数据、“三线一单”成果数据等可进行风险源热点识别；结合建设项目审批要求，通过梳理项目所在环境管控单元的属性，研判分析建设项目是否符合区域准入管理要求。

信息管理平台应用通过利用“三线一单”已构建的具有“监测断面—控制河段—对应陆域”水陆响应关系的水环境控制单元，应用大数据资源中心流域数据实现了对“一江一湖四水”的流域分析。

通过大数据资源中心，可实现“三线一单”成果数据库信息共享；将其应用于污染源在线监控、现场监察、信用评价、排污权交易、行政处罚等各项生态环境管理业务中，可实现日常监管的智能、高效与精细化。

目前，信息管理平台服务于全省各级生态环境管理部门，实现高效、精准研判，标志着静态的“三线一单”信息管理已完成向动态的业务监管转变，以更加标准、规范的形式存储、查询、展现、分析各类成果，实现了生态环境管理的高效提升，也标志着“三线一单”成果服务于环境管理工作已实现从单一监管型向立体管控型转变，实现了用数据决策、用数据监管、用数据服务的数字赋能，引领科技成果在生态环境保护和各项业务管理中深度融合，形成新业态。

“三线一单”助力高质量发展

生态环境分区管控体系的构建和成果发布是基础工作，更为重要的是做好成果应用“后半篇文章”。经过两年的探索实践，湖南省率先建立全域覆盖的“三线一单”生态环境分区管控体系，已经在全省 14 个市州得到了广泛应用。下面是几大案例的应用情况。

（一）长沙市：“三线一单”助力高质量发展

长沙市作为全省“三高四新”战略实施的主阵地和领头雁，坚持以“三线一单”成果为牵引，坚守底线思维和系统思维，构建起经济社会高质量发展和生态环境高水平保护新格局。

落实产业政策，推动新旧动能转换。长沙市紧盯减污降碳协同增效目标，按照“三线一单”管控要求，近两年来要求长株潭绿心地区 567 家工业企业全面关停退出，引导其中 239 家企业异地搬迁和转型发展，绿心地区裸露山体共复绿 550.2 亩，推进 18 个矿山矿坑修复。同时，率先在绿心地区建立生态补偿机制，由工信部门指导 30 余家采用落后生产工艺设备轮窑的砖瓦制造企业升级改造或有序退出。

指导规划编制，助力高质量发展。长沙市利用“三线一单”成果指导规划编制和控规优化调整，使城市发展在产业准入、城镇建设、资源开发等方面空间布局更趋合理。尤其为产业发展、资源开发利用等各类专项规划提供了翔实的支撑数据和优化建议，从宏观层面调控全市产业布局方向、资源开发强度，实现部门间政策的一致性。

（二）龙岭产业开发区：“三线一单”成为衡量生态环境保护水平标尺

湖南龙岭产业开发区积极落实“三线一单”生态环境分区管控制度，提升生态环境保护水平，促进产业转型升级。

根据准入清单，解决污水处理设施短板问题。根据生态环境准入清单，该园区存在的环境问题是：城东污水处理厂超负荷运行，二期工程尚未完工。园区迅速完成城东污水处理厂二期建设，并通过升级处理工艺实现了出水水质提标。同时，完成了区域雨污分流管道的新建、改造和修复。

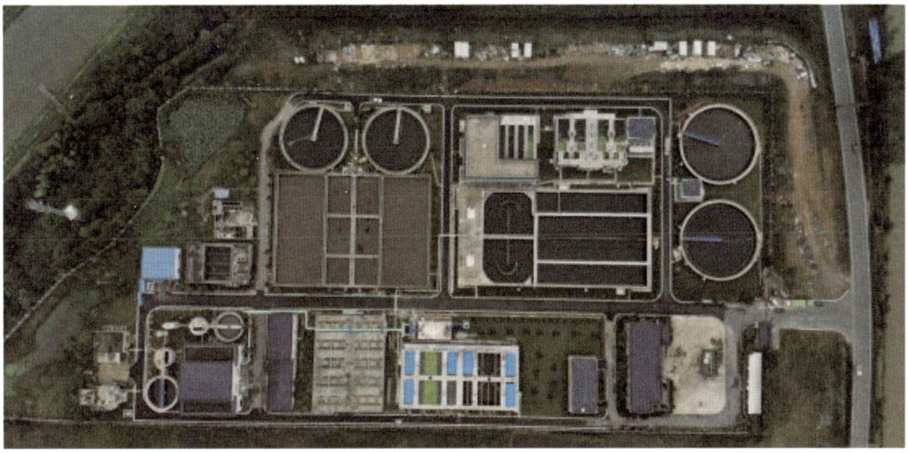

开发区完成城东污水处理厂建设

以准入清单为标尺把好项目准入关，助推产业转型升级。严格执行《龙岭产业开发区生态环境准入清单》，环保提前介入入园项目，参与入园审签，把好第一道“关卡”。工业项目按照项目入园、产业集聚的要求选址，对与管控要求不符的项目，坚决劝退。截至目前，园区未引进三类工业企业。严格按照新、扩、技改项目环评要求，做好企业帮扶，入园项目100%办理环评手续。

（三）东安经济开发区：“三线一单”成为五好园区的“守门人”

近年来，东安县经济开发区以“三线一单”为杠杆，通过分区规划定位、分片产业聚集、分类环境管控，有效衔接“五好园区”，助推园区高质量发展。

开发区企业洁净的生产车间

分区规划定位，把好工业项目入口关。该区根据《湖南省“三线一单”生态环境总体管控要求暨省级以上产业园区生态环境准入清单》，编制《东安经济开发区绿色产业发展十四五规划》，分三区规划定位“一主一特一新”产业板块，形成项目梯次推进、企业梯次培育、产业梯次聚集的格局，用“绿色标尺”守护好“五好园区”。

分片产业聚集，把好资源利用上线关。该区通过发挥“三线一单”的杠杆调控作用，促进土地资源盘活及挖潜利用，“僵尸”企业“腾笼换鸟”，“小散”产业有序转型。近年来园区清理僵尸企业 8 家，腾退传统高能耗企业 4 家，盘活存量工业用地 630.72 亩，整合零星土地 152 亩。

分类环境管控，把好环境质量底线关。对园区企业实施清单式分类环境管控，2021 年工业企业污水处理率、生活污水及垃圾无害化处理率均达到 100%，东安县湘江断面水质保持Ⅱ类以上，省控考核断面水质改善获省政府“真抓实干激励”奖励。

（四）双峰县：“三线一单”助力打造农机特色小镇

双峰县以“三线一单”为指导，助力打造“永丰农机特色小镇”，在革故鼎新中，走出了一条具有双峰特色的农机高质量发展之路。

优化规划设计，明确特色定位。2020 年以前，双峰县农机产业“散、小、乱”，受环保投入不足、创新能力不强、安全隐患较重等问题困扰。“三线一单”成果发布后，双峰县运用“三线一单”成果，通过编制双峰县农机特色小镇规划设计和总体规划，明确小镇产业定位，科学布局生产、生活、生态空间，总计投资 30 多亿元。在农机产品设计、研发、创新以及配套、融合、拓展上采取“补链”“延链”“强链”措施，如今产业已初具规模，并被列入湖南省首批 12 个示范型特色小镇之一。

农机特色小镇总体规划效果图

严格环境准入，坚持绿色发展。双峰县按照“三线一单”管控要求，引导原有企业升级改造、搬迁入园，对不符合要求企业进行清退，对清退出的土地重新布局利用。所有新进项目均使用清洁能源，工艺废气得到有效收集和治理。镇区内雨污管网完善，全部排入经济技术开发区污水处理厂处理，排放达标。固体废弃物得到综合利用或妥善处置，危险废物均合法处置。同时，不断提升环评与排污许可“放管服”管理水平，保障永丰农机特色小镇健康发展。

在探索“人与自然和谐共生”的道路上，湖南省探索出一条生态环境分区管控的路子，并得到广泛应用，取得良好的生态、社会和经济效益。面向未来，“三线一单”成果在提升生态环境治理体系和治理能力现代化，促进经济社会高质量发展和生态环境高水平保护上，将发挥越来越重要的作用。

专家点评

湖南率先建立全域覆盖的“三线一单”生态环境分区管控体系，在全省范围内得到广泛应用，为生态环境高水平保护提供了科技支撑，取得了良好的生态、社会和经济效益，并在全国起到了示范指导作用，值得学习、借鉴和推广。要把“三线一单”进一步完善好、实施好，通过“三线一单”助力生态环境的高水平保护，促进经济社会的高质量发展。

落后产能退出的生动样本

——隆回县小沙江镇石材加工区生态综合治理成效显著

深入推进生态修复和环境污染治理，杜绝滥采乱挖，推动流域生态环境持续改善、生态系统持续优化、整体功能持续提升。

——习近平 2021 年 4 月 25 日至 27 日在广西考察时的讲话

时值初夏，万物勃发。行走在小沙江镇新康石材厂生态修复区，郁郁葱葱的树木映衬着平整的草地，让人心旷神怡。

可谁又能够想到，这片土地几年前因粗放式石材开采和加工，导致山体千疮百孔、粉尘四起、污水外溢，生态环境破坏极为严重。

2018 年，国家长江办将“小沙江采石场污水外排导致河流跨界污染”作为长江经济带突出生态环境问题交由隆回县督办。一场硬仗打响。

几年过去了，从破坏生态环境的反面典型到实施环境综合治理、产业绿色转型的成功案例，隆回县小沙江石材加工区的转变让人惊叹。“淘汰落后产业＋生态修复＋产业绿色转型＋生态文明共建共治共享”的“隆回模式”，被各大媒体广泛报道。

那么，隆回是如何逆袭的呢？

天华石材厂加工二区生态修复实景

粗放采石：生态“失色”之痛

小沙江镇地处湘中偏西南的邵阳市隆回县西北部，属高寒山区，平均海拔 1 350 米，因其独特的地形地貌，花岗岩等优质石材资源丰富，矿床大多裸露地表，易于开采且品质优良。

为开发利用这一资源，2008 年隆回县通过招商引资将石材行业引入小沙江镇。历经 10 余年发展，小沙江镇石材开采加工行业已初具规模。

一组数据可以看出当时的火热场面：该地先后引进 6 家石材开采加工企业，大小股东上百人；初期企业投资 1.78 亿元，后期固定资产逾 3.65 亿元；矿山和社会运输车辆达 560 余台；最高就业人数超过 2 500 人，人均年工资收入 5 万元左右，附近 6 个村组有近万村民从中受益。

石材厂生态修复前实景

小沙江的石材开采加工企业虽然在带动当地经济发展、促进村民就业等方面发挥了一些短期作用，但对原有山地植被、溪流和地质结构等造成了破坏，并产生粉尘、噪声等污染，影响周边居民的身体健康；加之加工废水外排对周边河道造成污染，给这一地区的生态环境带来了威胁。

产业退出：高位推动之力

2018 年，国家长江办将粗放采石作为整改问题交办后，隆回县委、县政府以坚定的政治站位，全力推进小沙江石材企业关闭退出、生态修复、转型融合等工作。

石材开采加工企业的关闭退出，利益关系错综复杂，关停工作困难重重，面临较大社会风险。企业关停还有可能导致当地瑶汉群众返贫。

涉矿企业的关闭退出是整改工作的关键。隆回县安排 4 位县委常委担任组长，组建 4 个工作专班，坐镇小沙江，全力推动涉矿企业关闭退出。通过深入调查研究，制定《隆回县小沙江石材开采加工企业关闭退出工作实施方案》，以及生态修复、应急维稳、环境污染治理、环保应急处置等具体方案，高位推动，靠前指挥，环环相扣抓整改。

为了化解石材产业退出的风险和矛盾，隆回县委、县政府组织县镇两级 400 余人的干部队伍，分组开展“万千百十”集中走访行动，与群众和企业主面对面开展“家常式”谈心，用心用情地交流沟通，引导利益关联方合理反映诉求，化解矛盾纠纷。先后召开听声谈心恳谈会 120 余场次，共建立 4 大类 59 条群众诉求清单、6 家企业诉求台账，并逐一化解落实。

对 6 家退出企业，施行“一厂一策”，形成“一个厂一个责任领导一套工作班子、一个矿点一套整改方案”，现场排查化解矛盾纠纷。针对个别企业老板心里想不通、抵触情绪大的问题，县委县政府主要负责人三番五次上门一对一做工作，讲环保政策、企业担当，讲地方发展、子孙福祉，讲绿水青山、长远布局。

用心用情地谈心交流，依法依规地解决问题，终于得到企业主和村民的理解和支持，产业退出的一系列问题逐步解决。

6 家企业全部自愿签订关闭退出协议，完成 358 台设备拆除清运，完成注销手续和资产移交。

按照“早退出多补助”的原则，建立合理补偿机制，生态补偿专项资金 11 819 万元全部发放到位，为石材企业关闭退出拨付奖补资金 5 200 余万元，拨付后续转型帮扶和车辆补偿等资金 3 000 余万元。

稳妥解决 6 家石材企业租赁村民近 4 000 亩山地问题，将企业承诺但尚未完成的基础设施建设纳入“农村公路通畅工程”计划。

统筹做好石材企业关闭后当地村民转岗就业工作，由政府组织就地产业转移或通过劳务公司介绍外出务工。

隆回县委、县政府通过扎实做好群众工作，实现了“无强制执行、无群体性上访、无阻工闹事、无负面舆情”的关闭退出预期目标。小沙江镇石材加工区生态综合治理迈出了关键的、艰难的第一步。

生态修复：矿山“换装”之变

石材企业关闭退出，只是生态综合治理的起步阶段，而如何修复矿区“伤疤”再造秀美山川，是又一个亟待解决的问题。

隆回县注重科学施策、分类治理，将这一系统工程细化成12个到厂到区的复垦复绿方案，并进一步分解成28个子项目。坚持宜林则林、宜草则草、宜改则改、宜垦则垦原则，采取“生物治理＋工程治理”相结合的办法，通过废石清理、开沟排水、外土回填、复垦复种、造林植草等措施，扎扎实实推进生态综合治理。

通过全力攻坚，至2020年9月，总投资达25 983万元的28个生态修复工程建设项目全部按期竣工。

小沙江镇修复生态总面积1 253 960平方米；建修复排水沟（污水管、涵洞）36 643米，砌建高标河道6 835米，硬化池塘面积5 600平方米；修建柏油路面17 780米、砼路面21 334米、泥结石路面1 230米；修建桥梁2座，共长12米，构筑防崩落防护网2 434平方米；修筑挡土墙30 230立方米、挡土墙除险加固80米、防护栏21 320米；种植各类树木512 630株。

6 家企业矿区、加工区及其周边受损的生态环境全部完成修复，顺利通过省市验收。矿区地表水、饮用水、废渣的采样分析结果也都符合相关环保标准的要求，有效打消了当地群众关于环境污染的疑虑。

通过生态修复，小沙江原石材厂开采区的面貌发生了令人欣喜的变化。杂乱无章的废矿石被清理一空，堆放废石的斜坡用客土回填后，种上了绿油油的草皮；宜林地段种上了裸杉、金银花、红叶石楠等各类本土树木和植物；新建的灌溉与排水渠道，既可灌溉复垦田地，又能排放山上洪水，还能有效防止淤积。

一笔笔巨额的投入，一个个具体的项目，一组组真实的数据，让人们感受到：环境破坏可能只在朝夕之间，生态修复则需要使出“洪荒”之力！

山体修复前实景

河道整治后实景

绿色发展：产业转型之喜

石材企业关闭退出了，生态环境修复了，怎样利用好绿色资源，如何让绿水青山变成金山银山，成为需要完成的新答卷。

小沙江人民充分利用当地“中国金银花之乡”品牌，集中发展集金银花苗木培育、生产种植、生态加工、市场销售于一体的完整产业链，打造集种植、销售、旅游观光、药食养生于一体的产业集群，走金银花特色产业和文化旅游融合发展之路。小沙江地区的猕猴桃、高山蔬菜等也逐步形成产业，为瑶汉群众带来“金山银山”。

小沙江金银花开

原有石材加工厂房被充分利用，改建成扶贫车间，用于发展金银花、竹笋加工和玩具、工艺品制造产业。原天华老厂租赁给湖南攀丰生物科技有限公司，该公司专注于中医药旅游产品开发及金银花深加工产品研发，现开发有“花瑶鸿”金银花复方茶等系列产品，是全国各大型医药企业和生产厂家金银花原料药的大型供应商。原闵磊石材厂由隆回智造科技公司经营，公司主要生产动漫 IP、玩具手办、工艺品，目前企业用工一百余人，人均收入 6.8 万元/年，带动周边 42 户脱贫。

隆回县依托“高山台地”自然资源，打造“云上花瑶”，将花瑶村寨打造成旅游名片。原先用于石材开采的石山，生态修复后被打造成旅游景点，结合小沙江地区花瑶特色民俗风情，大力发展旺溪瀑布、3A 级景区龙瑶幽谷等优质文旅产业，并成功举办了“锦绣潇湘·云上花瑶”2020年湖南（夏季）乡村文化旅游节，共接待游客60万余人次。同时与世界500强企业三一重工达成合作，引入投资10亿的绿色风电项目，一年内建成40座风力发电基站。

厂房变身扶贫车间

小沙江石材行业实现整体关闭退出，成为生态环境综合整治、特色产业蓬勃发展的典型，实现了经济效益、社会效益、生态效益的有机统一，赢得了国家长江办和省市主管部门的高度认可。

当地群众形象地说：关闭了石材厂，摘掉了污染帽，捧回了特色牌，铺好了致富路。

专家点评

思路一变天地宽。隆回县以落实国家长江办交办的突出生态环境问题整改为突破口，改变以消耗生态资源为代价换取暂时性利益的粗放型发展模式，利用生态优势发展绿色产业取得显著成效。同一片天地，只要找到因地制宜的绿色发展之路，“受创”的土地同样可以焕发生机。小沙江镇石材产业的退出、修复、治理和转型，为类似地区的突围、破局提供了范例和借鉴。

实践证明，以牺牲生态环境来换取短暂的民生经济利益，代价很大，也难持久。坚持以习近平生态文明思想为指导，坚持绿水青山就是金山银山的理念，才能走出一条生态优先、绿色发展之路。

打好污染防治攻坚战的怀化实践

——怀化市聚焦核心问题 推动强力治污成效显著

要深入实施水污染防治行动计划，保障饮用水安全。要全面落实土壤污染防治行动计划，强化土壤污染管控和修复，有效防范风险。坚决打赢蓝天保卫战是重中之重，强化联防联控，基本消除重污染天气。

——习近平 2018 年 5 月 18 日在全国生态环境保护大会上的讲话

2023年，当新年的第一缕阳光照耀五溪大地，溏水河沿河风光带迎来一批“客人”：波光粼粼的河面，飞鸟接踵而至，轻划水面，翩翩起舞。徜徉于此的市民不禁感叹：“美极了！”飞鸟不语，却诉说着怀化生态环境持续改善的美好。这种人与自然和谐共生的美好画面，既得益于怀化市丰富的生态资源禀赋，也得益于地方政府和百姓群众的精心守护。

白鹭群归绘就溏水河畔生态美景画卷

近年来，怀化市坚持从严从快从重打好污染防治攻坚战，开展污染防治攻坚战“夏季攻势”，重拳整治突出问题，守牢生态环境底线，绿色发展迈出坚实步伐。2022年10月，新晃、靖州分别被授予“国家生态文明建设示范区”“‘绿水青山就是金山银山’实践创新基地”称号。2022年12月，中方荣获“湖南省生态文明建设示范区”称号。2023年1月，在省政府真抓实干表扬激励中，沅陵2022年农村环境综合整治、新晃2022年环境空气质量综合指数及改善幅度、会同2022年水环境质量综合指数及改善幅度、靖州2022年“两山”实践创新基地四项工作成效显著，荣获多项荣誉。

强力整治饮用水水源保护区环境

饮用水直接关系到人们的生活安全和身体健康。然而，由于前些年疏于管理，怀化市区饮用水水源保护区出现了环境污染问题，最突出的是违法建设项目、网箱养鱼和垃圾乱倒三大问题。如位于怀化市饮用水水源二级保护区陆域范围内的原莱孚铝厂周边区域有19家违法建设项目，对饮用水源形成一定安全隐患。洪江市托口库区自蓄水以来，库区移民“走水路奔小康”，积极发展水产养殖，截至2016年年底，托口库区网箱发展数达到3 247个，面积626 342.75平方米。然而，网箱养鱼对库区水域环境产生一定的负面影响，水体严重富营养化，同时严重影响清江湖湖面航道及托口大坝安全运营。由于缺乏监管，位于饮用水源保护区的白龙寺附近堆积的建筑、生活垃圾近3万方，严重破坏了生态环境和危及人民的用水健康。

怀化市网箱养鱼整治：渔民“上岸后”，水源保护到位，渔民收入翻番，实现双赢

针对以上问题，怀化市污染防治攻坚战“夏季攻势”集中力量稳步推进饮用水水源地生态环境问题专项整治，2022 年“夏季攻势”共 10 大类 390 项任务，其中千人以上饮用水水源地生态环境问题专项整治占 1 大类 172 项，为总数的 44.1%，是“重头戏”“硬骨头”。

碧绿的㵲水河从怀化城中穿流而过　摄影：怀化日报社 潘雨

怀化市生态环境局采取拉网全覆盖的方式，组织市、县两级执法人员重点排查水源地的标识牌、隔离防护设施、周边农田使用农药化肥等情况，并针对排查出来的问题建立清单，限期整改。同时，根据“一个水源地，一套整治方案”的工作原则，制定规范化建设方案，严格选取施工单位，进一步明确责任目标。始终坚持问题导向，认真对照整改实施方案及整改任务清单中明确的目标、措施、时限等要求，做到有的放矢，集中整治。

2022 年，全市地表水考核断面水质总体为优，49 个考核断面中，Ⅰ类断面 1 个，Ⅱ类断面 48 个，达标率 100%。全国地级市年度地表水环境质量状况排名中，怀化连续两年进入前30名。怀化市始终坚持问题导向，多措并举，加大饮用水水源地监管力度，强化饮水安全保障，开展全市各水源保护区保护设施维护与运用督查，将乡镇、村水源地定期巡查工作纳入河长制工作范围，全年共完成172个水源地规划整治任务并销号。同时，持续做好城乡生活污水收集处理能力提升及截污管网建设，全面完成主城区应急水源建设工程，推进太平溪流域水环境整治与生态修复。㵲水芷江段、溆水思蒙段获评年度省级美丽河湖称号。

扎实推进矿业污染环境治理和建设

隆冬时节，复绿后的中方县花桥镇白沙溪村炭质页岩矿区仍是满眼绿意，曾经的废弃矿山如今脱胎换骨，掀开斜坡上覆盖的薄膜，碧绿的小草已有一寸来高。

白沙溪村炭质页岩矿区曾经是一座因疏于管理，沙尘飞扬、让人心塞头疼的矿山，由于尾矿库存有大量细沙，每遇刮风天气，便是漫天沙尘舞蹁跹，严重影响周边区域生态环境。该矿山被纳入省生态环保督察“回头看”治理清单，关闭后立即进行了生态系统修复。

针对中方县多家砖厂、矿山、材料公司环境污染和生态破坏被重复投诉省里暂缓销号问题，中方县委、县政府采取果断措施，市县两级生态环境局现场指导，合力攻坚，按照省里要求完成阶段性整改销号。

辰溪万发钒业公司和新宏大钒业公司两座尾矿库的治理工作推进缓慢。怀化市生态环境局、怀化市应急管理局积极与辰溪县政府及其相关部门会商，坚持问题导向，通过制定尾矿库整治方案、开展清库完善截洪系统、规范监测井布设、合理有效处置产生渗滤液等措施，强力推进辰溪万发钒业公司和新宏大钒业公司两座尾矿的治理，如期完成销号。

怀化矿山复绿

怀化市生态环境局针对通道茶溪金矿区土壤污染防治项目建设内容需要变更的情况，第一时间组织省级专家和技术专班赶赴现场踏勘，帮扶指导变更场地调查及实施方案编制。通道县委、县政府高度重视、积极配合，怀化市纪委监委、怀化市委督查室、怀化市政府督查室、怀化市生态环境局多次深入现场帮扶督导，怀化市生环委办实行每周一调度一通报，有效推动了项目实施。针对久治不愈的环保顽疾，市县两级党委政府及其相关部门紧密配合，协调联动，下猛药、治沉疴，以雷霆之势向环境污染“亮剑”，以前所未有的决心和力度，直面痛点，动真碰硬，啃下一批“硬骨头”。

针对砂石土矿“散、小、乱、污、险”的突出问题，怀化市采取有力措施，强力淘汰规模小、生态破坏严重、不符合安全要求的小型砂石土矿，全面启动全市生态矿山、绿色矿山建设。到 2022 年年底，全市已整顿关闭砂石土矿 86 家，砂石土矿将由 2019 年年底的 342 家减少至 152 家，修复历史遗留废弃矿山 63 处约 86.26 公顷，建成省级以上绿色矿山 26 座。目前，怀化市生态矿山、绿色矿山建设工作已全面启动，经过“脱胎换骨”的转型，怀化市矿业开发将走上规模、集约、绿色的发展之路。

矿山复绿、噪声消失、扬尘降低、高污染企业转型升级，怀化市下大力解决好群众最关心、最直接、最迫切的问题，取得了可喜成效。擦亮底色，逐绿而行，自开展“夏季攻势”以来，全市共完成危险废物大调查大排查问题整治 13 个、土壤污染防治项目 17 个，大力推进受污染耕地安全利用，完成轻中度污染地块安全利用 32.4 万亩，严格管控的 4.8 万亩耕地退出水稻生产。全力做好建设用地安全利用工作，开展涉镉等重金属排查整治，形成动态更新整治清单，对 36 家重点监管企业开展环境安全隐患排查整治。全面完成污染防治攻坚战“夏季攻势”下达的 390 项年度目标任务，完成数量与完成质量位列全省前列。

科学构建空气污染治理长效机制

怀化城区中间平坦四面环山，属盆地地形。这种地形的优点是受雪峰山地形阻隔，从北方传输的污染空气较难影响到本地气候。但缺点同样突出：大气污染尤其是颗粒物污染形成后容易累积难于扩散。每年自 11 月开始，全市进入大气污染防治特护期，其间空气质量的好坏，与全年环境空气质量是否达标紧密相关。

通过不断探索构建空气污染治理长效机制、科学分析城区空气主要污染源、建立城区建筑扬尘前中后端全覆盖整治链、出台《怀化市扬尘污染防治条例》、打造空气质量网格化监测网络等，各级各部门齐抓共管共同努力，在 2020 年、2021 年连续两年成功创建国家环境空气质量二级标准达标城市的基础上，2022 年持续发力，以巩固空气质量二级达标城市为目标，持续完善大气污染联防联治工作机制，不断加大扬尘污染整治力度，全面推进 VOCs 综合治理，积极开展道路移动污染源监管和中心城区烟花爆竹全面禁燃禁放、餐饮油烟治理等专项工作，增设大气网格化设备布控，加强大气污染监控能力。同时，深入开展了“清朗天空”百日攻坚执法行动，实行 24 小时巡查督查，有效防范重污染情况发生，为人民群众创造更多碧水蓝天。

人不负青山，青山定不负人。如今，空气质量优良天数一天天增加，PM2.5 逐渐降低，成效也在一点一滴中显现，全年

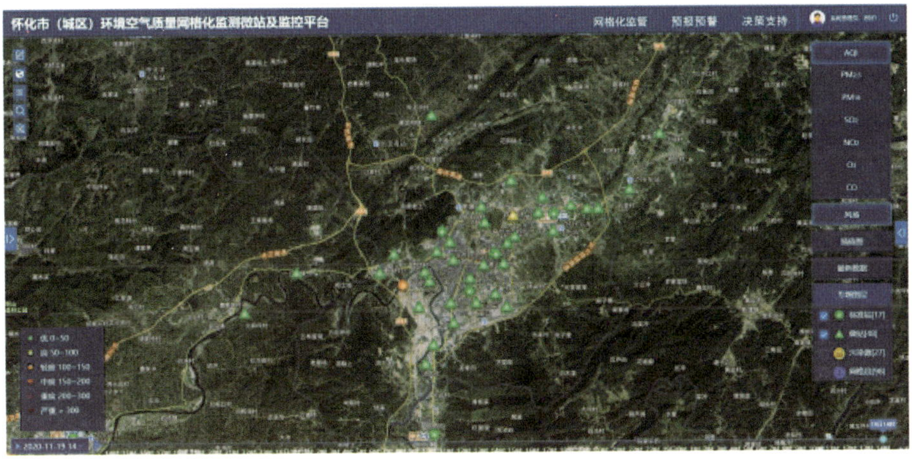

怀化市（城区）环境空气质量监控平台实时监控界面

市城区 PM2.5 平均浓度分别为 30 微克/米[3]，2022 年，怀化市城区环境空气质量优良天数比例为年平均 95.1%，空气综合指数（3.06）全省排名第三，城区及 12 个县（市、区）环境空气质量均达到国家二级标准，全市生态文明底色更加鲜亮厚重。

怀化市鹤城区黄金坳镇白岩垴村云雾缭绕，犹如仙境

生态环境的改善，是一项长期的综合性系统工程，没有终点，只有起点。怀化市深入贯彻习近平生态文明思想，坚定不移走“生态优先、绿色发展”之路，深入打好污染防治攻坚战，聚焦老百姓身边的突出生态环境问题，驰而不息，久久为功，取得了实实在在的效果，书写了让群众满意的生态答卷。

专家点评

良好生态环境，是最公平的公共产品，是最普惠的民生福祉；扭转环境恶化局面，提高环境质量，是事关全面小康、事关发展全局的一项刻不容缓的重要工作。怀化市委市政府胸怀大局、心系人民，较真碰硬、铁腕治污，取得了立竿见影的效果，书写了让人民满意的答卷，让“美得让人心动城市”展示出绚丽容颜。

老矿区　新面貌

——常德市鼎城区石煤矿区污染治理与生态修复纪实

推动长江经济带发展，前提是坚持生态优先，把修复长江生态环境摆在压倒性位置，逐步解决长江生态环境透支问题。这就要从生态系统整体性和长江流域系统性着眼，统筹山水林田湖草等生态要素，实施好生态修复和环境保护工程。

——习近平 2018 年 4 月 26 日在深入推动长江经济带发展座谈会上的讲话

东经 111 度 40 分、北纬 29 度 10 分，太阳山脉的西侧，常德市鼎城区石板滩镇拾柴坡村。

每到傍晚，村民杨付忠都会到家门口的石煤矿区散散步。过去寸草不生、尘土飞扬的矿山堆土场，如今绿意盎然、鸟语花香。放在三年前，杨付忠连想都不敢想。

自 20 世纪 50 年代这里发现石煤矿以来，露天开采持续近半个世纪，混合煤渣的酸性含重金属废水流入农田和池塘，导致鱼虾不生、稻谷不长。一道南北走向的“大地伤痕”触目惊心。

2016 年关停矿区后，留下 8 个受污染水体、400 多万立方米积水、300 万吨矿渣、500 亩裸露的山体……2018 年，这里列入长江经济带生态环境警示片突出问题台账，中央要求当地限时完成重点环境污染整治任务。

经过艰苦卓绝的整治攻坚战，2021 年 9 月如期完成整改销号。2022 年 6 月，石板滩石煤矿区被授予“湖南省生态环境教育基地”称号。石板滩石煤矿区生态修复案例，被评为全国“突出问题整改看成效”正面典型和 2022 年长江经济带生态环境警示片正面典型，2023 年 4 月被评为“湖南省国土空间生态修复十大范例”。从“突出问题”到“教育基地”、全国典型，当地成为湖南践行“两山”理论的生动实践。

治理后的石煤矿区

挥之不去的黑色记忆

石煤是一种含炭少、发热值低的劣质无烟煤，生成于古老地层中，由菌藻类等生物遗体在浅海、潟湖、海湾条件下经腐泥化作用和煤化作用转变而成。石煤在湖南省有较大储量，常德等地均有资源分布。

石板滩石煤矿区位于常德市鼎城区石板滩镇，太阳山国家森林公园西侧，属太阳山山脉，地势呈现西高东低的趋势，区内属沅水流域。

这里的石煤矿，于20世纪50年代由苏联专家勘察发现。石煤资源呈南北带状分布，总长约3.8千米，总开采面积约500亩，其范围包括拾柴坡、兴隆桥、玉皇庵3个村。

当时，本地村民自发采石煤用作生活燃料；20世纪70年代末，原常德县开展“石煤大会战”时，石板滩公社组织大规模开采用于烧制石灰和砖瓦；到了90年代，集体开采转为个人承包。后来，一些大大小小的石煤矿被整合为伍房、枫拾、印山、新堰湾4家石煤矿。

石板滩2号矿坑沉积的污水

持续近半个世纪的露天开采，运煤的车辆进进出出，晴天灰尘漫天，雨天污水横流。混合着煤渣的酸性含重金属废水流入农田和池塘，鱼虾不生、稻谷不长。

石煤自燃形成“火焰山”，产生大量的二氧化硫、二氧化碳、一氧化碳等有害气体，气味刺鼻。石煤矿衍生出的粉煤加工厂，遍布城区周边临近乡镇，灰尘四起。越来越突出的大气污染、安全隐患、水土污染等环境问题，让周边群众怨声载道，“大地伤痕”已经渐渐成为群众心中难以愈合的“伤口”。

2013 年，习近平总书记全面阐述“两山”理论后，在常德市委、市政府的统一部署下，鼎城区委、区政府下定决心，从 2014 年起，相继关闭了伍房、枫拾、印山、新堰湾 4 家石煤矿，以及 60 多家相关的粉煤厂、黏土砖厂。

关停矿山易，污染治理难！原采坑逐步积水，至 2018 年年初共形成 8 个受污染水体。经核查，污水存量 400 多万立方米，呈严重酸性。同时，还留下 7 处废石堆的 300 万吨矿渣及因开采形成的 6 处地质灾害及其隐患，治理任务十分艰巨。

2018 年，石板滩石煤矿区生态环境问题先后由中央生态环境保护督察“回头看”及洞庭湖生态环境保护专项督察反馈至相关部门，长江经济带生态环境警示片披露。

科学论证的治污之策

中央环保督察警示，已经没有退路。2018 年 10 月，常德市鼎城区的决策者们，按照认识必须高度统一、态度必须坚决坚定、行动必须迅速果断、措施必须科学有效、效果必须确保达标的“五个必须”要求，全面启动石板滩镇石煤矿区生态修复治理。

但是，矿区生态修复是一项复杂的、技术性极强的系统工程，从来都是“牵一发而动全身”，治理工作要注重整体设计、系统推进，要防止孤军奋战、顾此失彼。

鼎城区认真落实生态环境部、华南督察局、省生态环境厅、省自然资源厅等上级主管部门的现场指导意见，真诚邀请中国环科院、中国矿业大学和省环科院、湖南农业大学、省地质勘探局 403 队等单位专家进行现场调研，科学制定了“一、二、三”总体方案。

第一，坚持一个基本思路。即锁水、控源、截流、治污、监控。

第二，采取两种治理模式：CK01、CK06 矿坑“原位中和＋边坡复绿＋水质实时监测”；CK02、CK03、CK04、CK05 矿坑“污水处理达标排放＋弃土回填＋生态复垦”。

第三，打造三个基地：生态修复治理示范基地、生态环境警示教育基地、生态文旅产业实验基地。

按照总体方案要求，鼎城区科学编制施工设计方案，在国家发改委、生态环境部安排 8 000 多万元治理资金基础上，多方筹措到 3.3 亿元资金用于开展生态修复治理工程及周边道路、沟渠等设施建设。

秉持“让更多群众共建共享生态修复成果”的理念，鼎城区坚持将矿区生态修复与解决群众生活需求相结合，在用工与政策上主动向当地群众倾斜，得到周边群众广泛支持。通过修复治理，周边群众环保意识显著增强，主动出工出力，参与环保的社会氛围更加浓厚。

艰苦卓绝的修复工程

在总体方案的指导下，鼎城区全力协调平衡各种矛盾，尽力解决各种困难，科学组织施工，灵活作业、倒排工期、挂图作战，保障了石煤矿山生态修复治理工程的快速有序推进。

工程实施期间，中央第六生态环境保护督察组组长、国家生态环境保护督察办督察专员以及国家发改委和省委省政府领导多次莅临现场指导、督导整改工作，省直相关部门每季度开展一次明察暗访。

2018 年 10 月，为抢在雨季来临之前完成矿区锁水控源、截流治污、跟踪监控等应急管控工程，区长挂帅，凌晨 3 点不下火线，所有干部一日三餐都在战斗现场，出动工程车辆 7900 余车次、工程人员 200 余人，历经 6 天通宵达旦的奋战，最终圆满完成既定任务，为后期全面治理打下坚实基础。

矿坑回填接近尾声时，一个约 40 亩的稀泥坑成为“拦路虎”，各种尝试后，工作人员采用真空预压固结技术终于见到成效，但覆土过程无法使用工程机械。就在指挥部一筹莫展的时候，当地 300 多名青壮劳力主动请缨组成突击队，把旗帜插在了稀泥坑上，大家不分昼夜，喊着号子，车推、肩扛、手提，用愚公移山的精神，完成稀泥坑的初步覆土，确保了后期稀泥坑整治工程的顺利进行。

石板滩矿区治理大会战现场

“抓阴天抢晴天，麻风细雨当好天，大小节日干活天。”三年来，累计出动机械 3.8 万台次、劳动力 4.6 万人次，处理积水（含雨水）近 700 万方，真空预压固结排水区域 4 万平方米，回填覆土 500 多万方（含外调客土、耕作土 200 多万方），建设截排导流沟渠 15.4 千米，修复高陡边坡 2.3 万平方米，新建和修复道路 21 千米，生态复垦 600 余亩。

整治项目先后完成石煤自燃区治理工程、外溢点应急处理工程、采坑高陡边坡安全防控工程、污水处理站建设工程、伍房和新堰湾石煤矿区生态修复工程、真空预压固结排水工程、枫拾和印山石煤矿区生态修复工程、西山寺水库和马蹄子湾生态修复工程、渗滤液收集导排治理工程、矿区周边道路损毁修复工程等十大工程。

正是由于鼎城区广大干群齐心协力，才将最初预期的整改时间由 5 年压缩至 3 年、再由 3 年压缩至 2 年多，出色地打赢了石板滩镇石煤矿区生态修复治理战役。

2021年7月22日，省自然资源厅顺利验收该项目并称赞：鼎城完成了不可能完成的任务！鼎城区先后被授予市级、省级“生态环境教育基地”称号，中央电视台、《人民日报》、中国新闻社、《中国环境报》等10余家主流媒体作了正面典型报道。

矿坑修复前后对比图

启迪后人的转型之路

为巩固生态修复成果，在后期管护和未来发展上，石板滩石煤矿区推动复绿—发展—振兴“三步走”战略，按照“分块设计、分区打造、因地制宜”的思路，综合治理的生态效益、社会效益和经济效益正在显现。

生态修复治理启示馆启迪后人。在矿区治理现场设立了生态修复治理启示馆，展示生态修复治理的全过程。半个世纪挖矿的总产值不到 1 个亿，如今修复生态花去 3.3 个亿，付出的代价是沉重的。深刻的教训，写在启示馆的墙壁上：我们绝不能要带血的 GDP，我们绝不能再走“先污染后治理”的路子！启示馆通过石煤矿区生态修复前后比对，阐释了绿水青山就是金山银山的深刻道理。生态修复治理经验也多次由有关媒体推介，启示馆迎来各地参观学习的人员络绎不绝，成为生态环境警示教育的一张网红名片。

采访团参观矿区生态修复治理启示馆

筑牢生态环境的绿色根基。矿区修复了损毁的道路、疏浚了堵塞的沟渠，对植被稀疏区进行全面复绿，造林 4.3 万余株，绿化率达到 100%。昔日满目疮痍的山体，今天已被大片的花草树木覆盖，呈现出一派生机勃勃的景象。生态环境的改善筑牢了石板滩的绿色根基，为区域持续发展提供了生态保障。

速生碳汇草纵横排列，随风摇曳

拓展了生态经济的金色成果。矿区上侧作为天然氧吧，为团队研学、康养休闲活动提供场所，分别建有体育设施运动场馆和室内外观赏打卡点，种植杜鹃、粉黛兰芝草等观赏植物，打造美丽花海。矿区中段种植水稻、油茶、油桐等作物，促进生态农业发展。利用修复后土地种植水稻、油茶等 600 余亩，其中油茶种植面积达 200 多亩，丰产后预计可为当地农户每人带来 3 000～5 000 元的收益，解决当地 300 余人就业问题。矿区下侧，做好特色民俗建设，以国家 3A 级旅游景区德云农庄和其他农家乐为基础，积极发展垂钓休闲产业。水稻金黄，茶油飘香，花草芬芳，生态经济的金色成果促进了区域经济转型和可持续发展。

在湖南常德的生态环境治理工作中，石板滩石煤矿区的变化，无疑是浓墨重彩的一笔。如今看来，其中的教训和经验，都弥足珍贵。

专家点评

生态治理的科学态度、资金保障、人力凝聚，是常德鼎城区石板滩镇石煤矿区生态修复的三条经验。治理期间展现出来的干群同心齐奋进、全力拼搏勇争先的精神感天动地。而在这场生态修复战役中，大家普遍受到一次深刻的生态文明思想教育：粗放开采持续半个世纪，产值不到 1 亿元，投入生态修复却花了 3.3 亿元资金。这样的数据对比，生动阐释了绿水青山就是金山银山的深刻内涵，更揭示了只有坚持生态优先、才能实现永续发展的道理。

铲“黑”除污　向“绿”而行

——湘潭市港口码头环境污染问题整改纪实

港区的建设者、管理者要把港口建设好、管理好、运营好，以一流的设施、一流的技术、一流的管理、一流的服务，为长江经济带发展服务好，为“一带一路”建设服务好。

——习近平2016年1月4日考察重庆果园港时的讲话

“千年十八总，传世金湘潭。”湘潭因水而兴，水泽四方，曾在历史上享有“小南京”“金湘潭”的美誉。然而过去一段时间，湘江湘潭段被重重地贴上了“脏乱差”标签，蒙受了一段“黑历史”……

问题的症结在哪里？如何才能根治？未来之路去向何方？2021 年 4 月，在中央生态环境保护督察组指出湖南省湘潭市港口码头污染问题后，湘潭快速部署，快速上马，整治工作全面铺开。

粗放作业，“母亲河”伤痕累累

江水呜咽，污染整治时不我待。

湘江作为湘潭的“母亲河”，哺育了一方百姓，孕育了湘潭悠久厚重的历史文化。湘潭内河航运条件优越，形成了铁牛埠港区、易俗河港区、九华港区等三大港区，拥有宁家湾、铁牛埠、湘钢宽厚板等 8 座码头。然而，由于发展理念落后，生产方式简单粗放，污染防治能力低下，港口码头几乎全是露天堆放货物、露天作业。“晴天一身灰、雨天一身泥”已成为湘潭港口码头的真实写照。

“这如何过去？”市交通运输局工作人员每次冒雨去易俗河港区（雍和物流）开展安全检查时，面对地上混浊不堪、无处下脚的泥水，都会发出这样的感叹。没办法，他们只能开车把自己“摆渡”过去，方能执行公务。

铁牛埠码头（金航港务）附近的村民向记者透露，天晴时，扬尘满天飞，扑面而来；一到下雨天，露天堆放煤炭的淋溶水就哗哗地涌入湘江，人们可以很清晰地看到江上漂浮着一条“黑带”，周边更是泥泞不堪，连下脚走路的地方都没有。同时，码头区域进出的货车日夜穿梭，刺耳的轰鸣声从不间断。“脏乱差”的生态环境不仅充斥其间，更严重影响当地村民的生产生活。“还百姓一片生活净土”已成了周边村民莫大的期盼！

2021 年 4 月 7 日，中央第六生态环境保护督察组进驻湘潭检查发现，铁牛埠码头（金航港务）、河西中心港区（华源港口）和易俗河港区（雍和物流）等港口码头存在污水直排湘江等违法行为，生态环境污染问题严重，随后指出湘潭市港口码头污染防治工作仍存在规划落实不到位、防治设施不健全、应急措施不完善等问题。

触目惊心的生态环境问题就像一把把利刃，深深地刺痛了湘江沿岸居民的心，也警醒了湘潭市委、市政府——“要把修复生态环境摆在压倒性位置，共抓大保护、不搞大开发。”习近平总书记对长江经济带建设的殷切嘱托振聋发聩，湘潭港口码头污染整治刻不容缓！

“一港一策”，实行清单式治污

态度决定速度，力度决定成败。

在督察组发现问题的第二天，湘潭市就全面启动了港口码头生态环境问题整改工作，主要负责人开启“一天一调度、一天一督办”的整治模式，速度之快、力度之大前所未有。2021年4月15日，完成了《湘潭市港口码头环境管理和污染防治设施要求》，并将整治工作扩大覆盖全市8个港口码头，形成了“一港一策”整改方案编制。4月23日，市委办、市政府办联合印发了《湘潭市港口码头污染问题整改方案》，形成了“1＋8”整改方案体系。

“污染治理须斩草除根!”湘潭市生态环境局相关负责人向记者表明了态度。整治工作一开始，湘潭就明确将治理对象扩大到全市所有港口码头，治理内容覆盖至清淤清污、搭建防尘防淋钢架棚、新改扩建环保设施设备、加强现有设施设备维护保养、升级改造雨污分流工程、制定生态环保和防洪应急预案等六大方面，具体涉及整改内容32项。

为了高效率、高质量完成污染整改，湘潭市特邀湖南省环境保护科学研究院、湖南省交通规划勘察设计院专家团队，对“一港一策”整改方案进行优化，进驻企业免费开展技术“赋能”。针对3家污染严重的港口码头企业，湘潭市以“点对点”督办模式，明确专人专班负责，蹲点指导督促。

同时，湘潭市启动了追责问责机制，严肃处理违法企业及相关责任人。市交通运输局、市生态环境局在严格调查取证的基础上，责令涉事企业立即改正环境违法行为，并处以行政处罚。对金航港务的环境违法案件，相关负责人被移送公安机关处以行政拘留。以铁腕治污倒逼企业技术升级改造。“我们新建了两个近300多米的全密闭廊道，用皮带线来转运货物，投入4 000多万元搭建了4万平方米的防尘防淋的钢架大棚来存

金港航务整改前后对比图

储货物，并将雨污水处理能力提升了4倍，以解决扬尘和污水直排等环境问题。”雍和物流相关负责人透露。该企业以环保整改为契机，迅速铺开港区一期的改扩建工程，在原有投资基础上，新增投入9 000万元新建和完善环保设施。据统计，除雍和物流外，湘潭市其余的7家港口企业共投入整改资金5 000多万元，港口码头企业污染防治能力全面提升、港区及周边生态环境质量显著改善。

高效率、高标准、高投入成为破局之刃。湘潭在一个月内解决了港口污染问题，半年内全面完成污染整治，成为湖南省第二轮中央生态环境保护督察典型案例中首个完成整改任务的地市。

绿色运营，推动高质量发展

大江奔涌，码头“旧貌换新颜”。

干净、整洁、现代、规范，这是如今走进雍和物流港区的第一印象。企业负责人告诉记者，他们新建的雨污分流工程彻底解决了污水直排问题，企业生产污水实现了循环利用，经过沉淀处理后用来清洗车辆、喷淋扬尘等，真正实现了绿色发展。

华源港口同样实现了华丽蜕变。“在生产过程中，我们企业所有货物实现了不露天、不落地，满地煤灰的‘黑历史’已经一去不复返，经过处理的雨污水直接流入城市污水管网，实现了无害化处理。”企业相关负责人说道。

华源港口货场整改前后对比图

金航港务相关负责人告诉我们，企业生产废水经污水处理站处理达标后才通过城市污水管网排入铁牛埠泵站。“现在码头跟以前完全不一样了，灰尘、噪声少了很多，脏水也不直接往湘江里排了，我们住在旁边舒适多了。”家住湖南省湘潭市铁牛码头58号的居民肖炼军说。整改后的金航港务不仅实现了生态环保合规达标，也得到了周边村民的认可，环境投诉明显减少，实现了生态效益与社会效益的双赢目标。

脚下清洁无尘，眼前作业有序，耳畔清风徐徐……如今的湘潭港告别了“黑历史”，水、气、声污染全面清零，湘江的“定时炸弹”成功拆除！丑小鸭终于变成了白天鹅，湘潭港口码头成了绿色港口的代名词，岳阳城陵矶、长沙新港、衡阳松木港、株洲港、常德鑫磊港等港口企业纷纷前来取经学习。

本次督察整改还为湘潭港口码头发展带来了新启示。雍和物流的相关负责人说，督察整改扩大了港区的空间范围，提升了机械化水平和标准化程度，这些措施都提高了港口的货物周转能力。相关数据显示，雍和物流2020年的货物吞吐量为350万吨，2021年则提升至450万吨。湘潭港的惊艳蜕变，吸引了深圳盐田港、江苏镇江港、上海港等国内大型港口企业来湘潭考察洽谈港口码头合作事宜。

雍和物流整改前后对比图

省领导在现场调研督导时指出，湘潭要以此次港口码头问题整改为契机，以建设现代化港口为目标，深入推进港口码头提质改造和港城融合创新发展，进一步提升港口码头企业规范化管理水平，实现以高水平保护倒逼高质量发展、以高质量发展促进高水平保护。

聚变已经到来！

为治疗当前港口码头“小散乱”的结构顽疾，湘潭市 2022 年出台了《湘潭市港口资源整合和港产城融合高质量发展的实施方案》，着力推动港口岸线资源整合、港口供给结构优化、港口集疏运体系建设、临港产业发展、现代港口物流发展、口岸环境建设、绿色平安智慧港口创建等工作，促进各港区向规模化、专业化、智能化方向发展。

知行合一，止于至善。湘潭将督察整改作为检验“四个意识”的试金石，打响了污染整治的“翻身仗”，彻底告别了“黑历史”，港口码头实现了由“脏乱差”到“洁净美”的华丽蝶变，成为全省绿色发展的新标杆。

专家点评

发展港口水运是降低交通领域碳排放、优化交通运输结构的重要举措。强化港口码头的环境管控和清洁作业，不仅有利于维护港区生态环境，也有利于提高港口码头运输吞吐量和运营现代化水平。湘潭以环保督察为契机，重拳整治港口码头环境污染，化“危”为“机”，实现生态效益、社会效益和经济效益齐头并进，港口运营转型提质。湘潭的经验雄辩证明，保护生态与发展经济并不冲突，而是相得益彰。

后　记

总结推广典型经验，讲好生态文明故事，是贯彻落实习近平生态文明思想，推动生动文明建设走深走实的有效方式。

2022 年，在积累多年工作经验的基础上，湖南省生态文明研究与促进会再次组织案例征集，经过自愿申报、材料审核、文稿修订、文献梳理、现场调研、座谈访谈、会议评审、集体研究、媒体公示等程序，精选了 26 个案例，分为守护一江碧水、绿色低碳发展、绿色园区建设、美丽乡村建设、生态环境治理五个篇章，汇编成《绿色蝶变——湖南生态文明建设典型案例（2022—2023）》一书印发，供读者学习交流和参考借鉴。

该书由湖南省生态文明研究与促进会会长周发源研究员担任主编，统筹案例征集，组织案例修改，最后审定全书文稿。田耕负责具体策划和组织实施工作。田振和、刘平、罗岳平、吴青、寻舸、彭培根、蔡青、罗锦程分别负责相关案例的修改和审定。张红红、罗锦程承担了对接联络和协调工作。各申报单位负责同志提供了较为翔实的基础材料，并审定了终稿。在编撰过程中，我们学习借鉴了许多专家学者的研究成果和新闻媒体的深度报道。湘潭大学出版社给予了大力的支持。还有许多为本书编写默默奉献的同志，字里行间都饱含着他们的智慧和辛劳。在此，对给予本书予以支持的单位和个人一并表示真诚的谢意！

由于编校时间比较仓促，不当和疏误之处在所难免，敬请读者谅解和批评指正。

编　者

2023 年 11 月

图书在版编目（CIP）数据

绿色蝶变 ： 湖南生态文明建设典型案例 ： 2022—2023 / 周发源主编 . -- 湘潭 ： 湘潭大学出版社， 2024.3

ISBN 978-7-5687-1413-6

Ⅰ . ①绿… Ⅱ . ①周… Ⅲ . ①生态环境建设－案例－湖南 Ⅳ . ① X321.264

中国国家版本馆 CIP 数据核字（2024）第 065101 号

绿色蝶变 —— 湖南生态文明建设典型案例 (2022—2023)

LÜSE DIEBIAN —— HUNAN SHENGTAI WENMING JIANSHE DIANXING ANLI (2022–2023)

周发源 主编

责任编辑：丁立松
封面设计：张丽莉
出版发行：湘潭大学出版社
社　　址：湖南省湘潭大学工程训练大楼
电　　话：0731-58298960 0731-58298966（传真）
邮　　编：411105
网　　址：http://press.xtu.edu.cn/
印　　刷：长沙鸿发印务实业有限公司
经　　销：湖南省新华书店
开　　本：710 mm×1000 mm 1/16
印　　张：21.25
字　　数：245 千字
版　　次：2024 年 3 月第 1 版
印　　次：2024 年 3 月第 1 次印刷
书　　号：ISBN 978-7-5687-1413-6
定　　价：98.00 元